子どもと一緒に覚えたい

野鳥の名前

Name of the wild bird

はじめに

私たちのもっとも身近な野生動物の一つに、野鳥がいます。
街中でシカやイノシシに遭遇することはありませんが、
野鳥であれば、ほぼ毎日、何かしらの種類を目にしています。

そんな身近な野鳥なのに、
親子が知っているのは、スズメにツバメ、ハト、カラスくらい。

私たちがあまり鳥を知らないのは、鳥が飛ぶものだからです。
子どもが歩きながら道端や公園で髪飾りにできる可愛い草花や、
自分の手で捕まえてじっくり観察したり飼ったりできる昆虫に比べて、
野鳥は遠くの木に止まっていてあまり姿が見えず、
近づくと、すぐに羽ばたいていってしまうものだから
姿などのイメージがなかなかできません。

興味を持っても、観察できないものは、すぐに薄れてしまうもの。
「あの鳥は何？」と子どもに聞かれ、
親の方も、そこで実は何も知らないということに気づかされます。

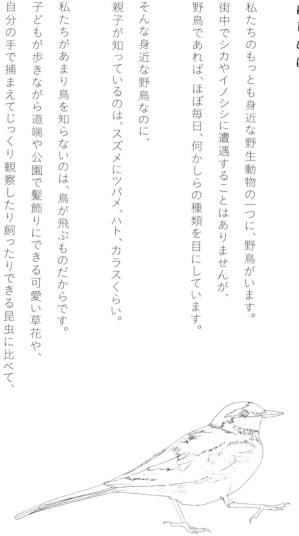

この本は、野鳥のことをまったく知らない親子が読んでも
理解でき、楽しめるものを目指しました。
子どもが肉眼でも市街地で見られる、本当に身近な鳥だけを紹介しています。
子どもに親近感を持ってもらえるよう、覚えやすい鳴き方を掲載し、
ドンクリとの大きさ比較や、イラストや写真などもたくさん掲載しています。

目の前にいる小さな鳥は、恐竜の子孫。
大空を飛び、中にははるか遠くの海を渡って旅してきたものもいます。
鳴き声や姿などの特徴を知ることで、いかに私たちが日頃
鳥たちに囲まれて暮らしているかに気づくでしょう。
そして一度、覚えてしまえば野鳥を識別できることも感じるはずです。
時には、庭に訪れた姿をじっくり観察することもできるかもしれません。
そのイメージは瞬く間に子どもの頭の中に広がります。

次からは姿は見えなくても、鳥の鳴き声で、
「今、庭にシジュウカラが遊びに来ているね」なんてさりげなく言えたら、
そのお母さんはもう、子どもにとって立派な鳥博士です。

目次

はじめに 2
シジュウカラ 6
ハクセキレイ 10
ヒヨドリ 14
ジョウビタキ 18
ハシブトガラス 22
メジロ 26
ウグイス 30
ツグミ 34

オナガ 86
エナガ 90
カッコウ 94
イカル 98
コジュケイ 102
キジ 106
ホオジロ 110

ヤマガラ 38
スズメ 42
ツバメ 46
キジバト 50
モズ 54
コゲラ 58
アオバズク 62
ムクドリ 66
キビタキ 70
ルリビタキ 74
ヒレンジャク 78
カワラヒワ 82
トビ 114
ガビチョウ 118
カルガモ 122
カイツブリ 126
コサギ 130
カワセミ 134
野鳥コラム 138

本書の使い方ガイド

聞きなしとは、その鳥の鳴き声を人間の言葉に当てはめて覚えやすくしたものです。また本書に掲載されている二次元コードをスマホで読み込むと、その鳥の鳴き声を聞くことができます。

JAPANESE TIT

Parus minor

シジュウカラ［四十雀］

スズメ目シジュウカラ科

見つけやすさ ◆◆◆

大きさ：全長15cm（スズメ大）
見られる季節：通年
見られる場所：市街地、公園、草地、河原
　電線、巣箱、木の枝、地べた
鳴き声：ツーピーツツピー、ジュクジュク、チッチー
聞きなし：「一杯一杯」「貯金貯金」
　「土地、金、欲しいよ」
　「ピッカチュウ」

好奇心が旺盛で、人慣れしやすい野鳥

こんな可愛い小鳥と仲良くできたら…
そんな願望をもっとも叶えやすいのがこのシジュウカラ。
胸に黒いネクタイをしたこの鳥は
エサ台の常連客で、人が作った巣箱にも入りやすい。
広いエリアに生息し、あまり人を怖がらない。
小さな体の割に、大胆不敵な行動。
そんな性格のおかげで、じっくり観察できる。

オールマイティな適応能力

あまり鳥のことを知らない人は、写真だけ見ると、澄んだ小川の流れる山の中でしか見られない野鳥、なんて思うかもしれない。シジュウカラは里山、草原、街中の公園などにもよくいる鳥だ。その理由は適応能力の高さにある。通常の鳥は、大抵、エサの取り合いなどで喧嘩にならないように棲み分けをしているが、シジュウカラの場合は、落葉樹、広葉樹、針葉樹などほとんど樹木を選ばず、割と何処にでもいる。エサの好みも広範囲で、脂肪分の高いものから、木の実まで何でも食べる。エサ台でも常連客になりやすいのはそのせいだ。また人を恐れない大胆な性格もあり、一度、エサの味を覚えると、何度もでもやってくる。足の形も便利で、細い枝から、平らなものまで割とどういう場所にでも対応できる。「四十にして惑わず」なんてことわざがあるが、このシジュウカラの生き方も迷いがなく、堂々としているように見える。

子育ても大胆で、樹木の穴やキツツキの古巣をそのまま使ったり、ポストや庭の植木鉢に住むこともある

シジュウカラは細い枝にも太い幹にもとまれる。メスオスの違いはあまりなく、黒いネクタイはオスの方が太め

狙って呼びやすい野鳥

シジュウカラの特性上、庭に巣箱を作り、エサ台にヒマワリの種、ナッツ類、牛脂などを置いておけば、かなりの確率で呼ぶことができる。

間違えやすい野鳥

【コガラ】
【ヒガラ】

一見するとほぼ同じように見えるが、違いは胸の黒いネクタイがあるか、ないか。写真上がコガラ、下がヒガラ。

【右上】小さなクチバシで虫などを捕まえる。足先が器用でしっかり枝を掴む【左下】シジュウカラは水浴びが大好き。体についたダニや寄生虫を落している

WHITE WAGTAIL

Motacilla alba

ハクセキレイ［白鶺鴒］

スズメ目セキレイ科

見つけやすさ ◆◆◆

大きさ：全長21cm
見られる季節：通年
見られる場所：市街地、公園、浅い水場、地べた
駐車場や河川敷のグランド
電線、建物の上
鳴き声：チュイリー、チチッ
聞きなし：なし

駐車場や公園で、足早に歩いている鳥

名前を聞いても、あまりピンとこない。
でも写真を見れば、「あ、いつも駐車場にいる鳥だ」
なんてふうに大抵の人が覚えている。
いつも無防備に平らな場所を歩いているから、
手を伸ばせば捕まえられそうな気がして
子どもが追いかけるけれど、
まるで競歩選手のように素早く地面を走って逃げ、
いよいよ危ないと思えば、ようやく飛び立つ。
人工物が大好きな鳥だなと思いきや、
実は元々、川で暮らしていた鳥だ。

川で暮らすセキレイの中で一番下流に追いやられた結果…。

よく水たまりのある駐車場や河川敷にあるグランドなどでハクセキレイを見かける。長い脚で立ち止まっているため、何だろうと思って近づくと、サササッと走って逃げる。セキレイの仲間は川の鳥だ。どうりであの長い脚。上流にキセキレイ、中流にセグロセキレイ、下流にハクセキレイが生息して棲み分けをしている。時代の流れとともに下流で水がなくなったり、埋めたてられたり、ドブになったりして、ハクセキレイは次第に水辺じゃなくても生きているようになった。だから昆虫はもちろん、小魚だって食べることがある。街路樹や橋などでギャーギャーと群れてうるさいムクドリと並び、市街地に群れてねぐらを確保しているのもハクセキレイだ。川で暮らすセグロセキレイよりも、街まで降りてたくましく暮らすハクセキレイの方が広範囲に広がり繁栄している。ハクセキレイからも人の暮らしの変化が感じられる。

実は季節で見た目が変わる。夏のハクセキレイ。体の上の部分が黒色で、白黒の模様がクッキリしている

冬のハクセキレイ。灰色の部分が多く、ぼやっとした印象。亜種にも見えるが、同じハクセキレイだ

実は飛ぶのも得意！

いつも地上を歩いている印象のあるハクセキレイだが、実は飛ぶのも得意。垂直に飛び上がって、空中の虫など捕まえるフライングキャッチが得意技だ。またなわばり意識も強く、目立つ場所でさえずる。

間違えやすい野鳥

【セグロセキレイ】
【キセキレイ】

同じ仲間で、川の中流に住むセグロセキレイ（写真上）。ハクセキレイよりも黒の面積が多く、眉だけ白いのがセグロセキレイ。声も少し濁って「ジュンジュン」と鳴く。写真下は川の上流に住むキセキレイ。

【右上】水辺があれば、やはり本能が騒ぐのか、水生昆虫や小魚を探す。どことなく元気に見える【左中】ハクセキレイの雛。橋の上などに巣を作る

BROWN-EARED BULBUL

Hypsipetes amaurotis

鳥と比べたドングリの大きさはこのくらい

ヒヨドリ［鵯］

スズメ目ヒヨドリ科

見つけやすさ ◆◆◆

ボサボサ頭で、赤いほっぺの甘党

ここ数十年で一気に市街地に増えた野鳥。
元々は山にいる鳥で、
冬になると人里まで降りて来る漂鳥だったが、
最近では一年中、人の傍で暮らすように。
今ではもっともエサ台に来やすい鳥かも。
大好物は甘い果実。ボサボサした頭で、
ほっぺのあたりが赤く、一度見れば忘れない。
その割に「知らない」と答える人が多いのは、
この地味な色のせい？　よく見てみれば、
うっすら青みがかったグレーと茶が混じって
とってもオシャレで、愛嬌たっぷり。

大きさ：全長28㎝（ハト大）
見られる季節：通年
見られる場所：市街地、公園、人家の庭先、
地べた、木の枝、花や実のそば
鳴き声：ピーィピーィ、ヒーヨヒーヨ、
ピーヨロイロピ
聞きなし：なし

バードウォッチャーにはよく知られている鳥

実はこの鳥ほど見つけやすい野鳥はいない。ハト、スズメに匹敵するほどだ。「ピーヨピーヨ」「ヒーヨヒーヨ」という鳴き声が市街地に響いたら、すぐ傍にヒヨドリがいる。その名前も鳴き方からついたぐらい、よく鳴く鳥だ。主に日本周辺のみに住むため、ある意味ではとても日本らしい野鳥。甘い物が大好きで、リンゴや柿、ミカンなどがあればすぐに飛んで来て、器用に皮だけ残して食べる。また花の蜜も大好きで、梅や桜、椿などの花を摘み、蜜をペロペロと長い舌で舐めている。花を喰い散らかすヒヨドリを快く思わない人もいるが、ヒヨドリはミツバチ同様、花粉を媒介する生物。植物にとっては、大事なお客さんだ。もしヒヨドリのクチバシの周りが黄色っぽくなっていたら、花に顔を突っ込んでたくさん蜜を舐めた後だろう。なわばりを気にし、普段は単独行動。首をキョロキョロとまわして周囲を確認し、敵がいないかを確かめる。

巣はキレイなお椀型。その周辺にあるものを割と何でも使い、ビニール紐などの人工的なものを使うこともある

昆虫などを食べることもあるが、基本は甘党。果実、花の蜜、木の実なども大好物で器用に食べる。食べる速度も早い

群れになるのは渡りの時期

秋になるとエリアによって一部、渡りをする。普段は単独行動で同じヒヨドリ同士でなわばり争いをするが、渡る場合のみどこからともなく集まって群れになる。そのメカニズムは未だによく分からない。

間違えやすい野鳥

【なし】

ヒヨドリに関しては、見間違えるほど似た鳥がいない。一度でも見て覚えてしまえば、誰でも「ヒヨドリだ」と一目で認識できるくらいの特徴と存在感がある。ある意味、図鑑で見た中で最初に覚える野鳥と言ってもいいくらい。そのくらい遭遇率が高く、識別しやすい鳥なのに、知らない人には写真を見せても「一度も見たことがない」「名前も聞いたことない」と言われる知名度の低さ。なんだか不憫な野鳥なのだ。

【左上】長いクチバシとボサボサ頭が目印【左下】ヒヨドリに出会うのは簡単だ。桜や梅の木に行くか、庭にリンゴかミカンを置けばいい。1週間もしないうちに訪れるだろう

DAURIAN REDSTART

Phoenicurus auroreus

鳥と比べたドングリの大きさはこのくらい

ジョウビタキ【常鶲】

スズメ目ヒタキ科

見つけやすさ ◆◆◇

大きさ：全長14cm（スズメ大）
見られる季節：冬
見られる場所：住宅地、公園、河川敷
ひらけた明るい場所
視線ほどの高さの低木や杭の上
鳴き声：ヒッヒッ、カッカッ
聞きなし：なし

一度は見つけたい、冬鳥のアイドル

野鳥好きの間では、アイドル的な人気を誇る。
丸っとした体系で、小さいのに気が強い。
自立心が強く、あまり群れないところもまたいい。
森の中よりも、人のいる公園やフェンスなどに止まり、
シッポを振り振り、おじぎをする。
派手過ぎないカラーリングも、日本人の心にマッチする。

自立心が強く、なわばりを持っている

ジョウビタキは北海道では珍しいが、日本ほぼすべてのエリアの人里で確認できる冬鳥。特にオレンジ色のオスは、枝に止まっていても、そのカラーリングで認識することができる。単独行動をし、なわばり意識が強く、他の鳥が入って来ると追い出そうと攻撃を仕掛けたり、たまには車のミラーに写る自分の姿に喧嘩をしかけていたりする。こんなに丸い体で、こんなに小さいのに。弱い小鳥は群れるのが鉄則なのに、たった一羽で立ち向かう姿が、何だかけなげに見えてくる。ナンテン、ヤマウルシ、ムラサキシキブなどの実も食べるが、虫も大好物。自然豊かな森の中というよりも、むしろ人里の方が多く見かけられるのは、エサとなる虫や植物が人里の方が豊富だからかもしれない。声はヒッヒ、という地鳴きの後に、カタカタとシッポを振りながら鳴くのが特徴。オスメスはまったく異なり、どちらも甲乙つけ難いほど、愛らしい姿だ。

ジョウビタキのオス。お腹が赤橙色、背中は黒っぽく、頭は銀色、翼には白斑があり、とても分かりやすい

ジョウビタキのメス。全体的に灰褐色で、オス同様、羽に白斑がある。背中から尾っぽにかけてが、ほんのり赤褐色

人工物も気にしない

性格で言えば一匹狼タイプで、堂々としていて、あまり恐れない。人間が作った杭や柵など人工物の上にも平然ととまり、なわばりを乱すものがいないか見張っている。

間違えやすい野鳥

【ルリビタキのメス】

ジョウビタキのオスに似た鳥はいないが、ジョウビタキのメスはルリビタキのメスに似ている。違いはシッポの色。ジョウビタキはうっすら赤褐色で、ルリビタキは瑠璃色。

さすがはジョウビタキ。どの角度から見ても、オスもメスも可愛い！まるでアイドルの写真集のように決まっている。

JUNGLE CROW

Corvus macrorhynchos

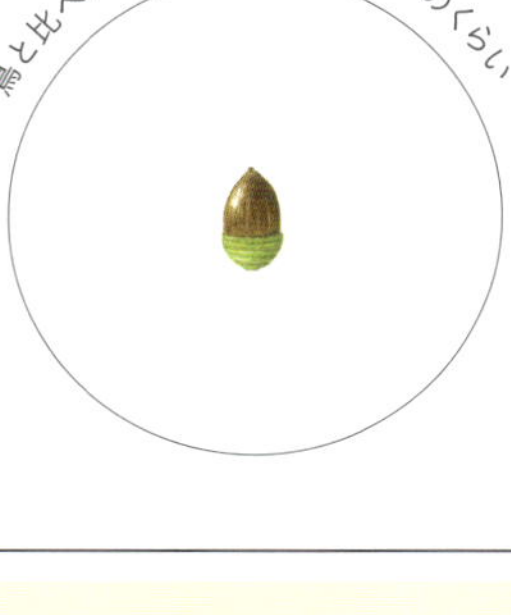

ハシブトガラス

［嘴太烏］

スズメ目カラス科

見つけやすさ ◆◆◆

大きさ：全長55〜60㎝
見られる季節：通年
見られる場所：公園、木の枝、建物の上
電線、ゴミ捨て場、地べた
鳴き声：カアカア、カーカー
聞きなし：「可愛い可愛い」「アホー」「おっかあー」

一番身近で、あまり知られていない鳥

私たちがよく知っている「カラス」。
でも実は「カラス」は、スズメ目カラス科カラス属の総称で、
カラスは百種類以上いる。
そして日本の大都会の街中や、公園で見かけるのは
「ハシブトガラス」と「ハシボソガラス」の2種類。
この2種類は頻繁に見かけるはずだが、
それに気づく人は少ない。鳴き方も、見た目も違うから、
一度見分けられれば、今そこにいるのはどっちのカラスかを
誰かに教えたくなるだろう。

鳥界きっての超エリート。頭の良さはダントツ！

日本で主に見かけるのは「ハシブトガラス」と「ハシボソガラス」の2種類。この違いは名の通りクチバシの太さ。ハシブトガラスは「カアカア」、ハシボソガラスは「ガアガア」と濁って鳴く。都会に住み、人間の出したゴミを漁る邪魔者、なんて思われているカラスたちは本来、森林で暮らしている鳥。街中でカラスを多く見かけるのはその適応能力の高さと頭の良さのため。他の鳥に比べて脳が非常に大きく、「遊ぶ」という高度なこともしている。普通の鳥はエサを探すため、繁殖のためなど、すべては「生きるため」に必要な行動につながっているが、カラスはちょっと違う。まるで子どもがするように、落ちている物を拾って転がしてみたり、空中に物を投げてキャッチしたり、すべり台をスイーッと降りてみたり、鉄棒でくるっと一回転したり…生きることに直接関係のない謎な行動が多い。また意地悪された人間の顔を覚えていたりもする。

ハシブトガラス。大きなアーチ状のクチバシを使って、空き缶などに穴を空けることもできる

街路樹や電線の上などにも巣を作る。素材も小枝だけでなく、ハンガーやビニールテープなど何でも利用

卵はペパーミントグリーン

実はカラスの卵は驚くような色で5cmくらい。一度に5個前後卵を産むが、育つのは平均2羽程度。カラスが人間に攻撃的な時は、近くに巣があり、守っている場合も。

間違えやすい野鳥

【ハシボソガラス】

ハシブトガラスよりクチバシが細く、平べったい。公園や広場など開けた場所でよく見かける。ハシブトガラスでなければ、十中八九ハシボソガラスだ。稀にミヤマカラス、ということもある。

【左上】ハシブトガラスはジャングルクロウと呼ばれるように森の中を自由自在に飛び回れる能力があり、飛ぶのが得意な鳥
【右下】横から見ると特徴的なおでことクチバシ。顔を見ればハシブトガラスと分かる

JAPANESE WHITE-EYE

Zosterops japonicus

メジロ［目白］

スズメ目メジロ科

見つけやすさ ◆◆◆

大きさ：全長12cm
見られる季節：通年
見られる場所：市街地、公園、住宅の庭先
　街路樹、梅や桜や果実のそば
　木の枝に目白押し
鳴き声：チーチー、チュルチュル、ツィーツィー
聞きなし：「長兵衛、忠兵衛、長忠兵衛」

結構な確率で、ウグイスと間違われている

桜の木や梅の花などの蜜を吸っていたり、
ミカンを出しておくと遊びに来る、
目の周りが白い「メジロ」。
メジロ自体は結構有名な鳥なのに
「ウグイス」と勘違いされることが多い。
試しにインターネットで「ウグイス」と検索すれば、
2、3割ほどの確率で、
メジロをウグイスとして紹介している。

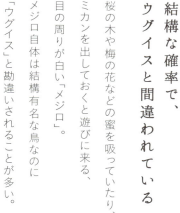

春の象徴のように思われるが、一年中そのへんにいる

メジロは日本で広く愛されている野鳥のひとつ。小さな体で枝の上へ下へとちょこまか動き回り、果実や花の蜜を吸っている。その姿は愛らしく、庭へ呼ぼうとミカンを置いたり、ジューススタンドを置く人も多い。公園などの桜の木や梅の花などに訪れることも多く、「ウグイスだ」と言っている人をよく見かける。花の蜜を吸う姿は絵になるため、写真におさめる人も多く、ネット上にも「ウグイス」と名のついたメジロの写真がたくさん出てくる。ちなみに本当のウグイスは目の周りは白くもなければ、一般の人がイメージする色でもない。メジロは甘いものを好み、筆状の舌で蜜をペロペロと舐めている。反面、雑食性で実は意外とクモもよく食べる。それはメジロの巣は枯れ葉やコケなどをクモの巣の糸で絡めて、接着剤代わりにしてお椀型にしているから。可愛い見た目に反して、やることが結構ワイルド。一年中見られるのも意外かもしれない。

エサ台にミカンを置くと、メジロがやってくることが多い。この寸詰まりな体型でせっせと果汁を飲む姿がけなげだ

メジロの巣は手のひらサイズ。自然素材でできているが、キレイなお椀の形を作るためにクモの巣を利用している

おしくらまんじゅうする

２匹のメジロが横にとまり、体を密着させておしくらまんじゅうをすることがある。この習性から、混雑する様子の例えを「目白押し」というようになった。この仲良しな姿も愛されるゆえんだ。

間違えやすい野鳥

【メグロ】
【ウグイス】

実は目の周りが黒い「メグロ」という仲間もいる。小笠原列島などにしかいないので間違えようもないが、覚えておくと面白い。またもっとも間違われやすいウグイスは30Pのページに出ているので比較を。

メジロと花は切っても切れない関係。桜や梅など春を告げる花以外にも蜜を吸いに行くのだが、市街地で見られる樹木に桜などが多いため、春の鳥のイメージになったのかもしれない

鳥と比べたドングリの大きさはこのくらい

JAPANESE BUSH WARBLER

Cettia diphone

ウグイス［鶯］

スズメ目ウグイス科

見つけやすさ ◆◆◇

大きさ：オス全長16cm　メス全長14cm
見られる季節：通年
見られる場所：市街地、公園、人家の庭
　木の枝、やぶ、梅の花の近く
鳴き声：ホーホケキョ、ケキョケキョ、チャッチャッ
聞きなし：「法、法華経」

実はウグイスって、こんな色

鳥の中で、もっとも有名な鳴き声。
ウグイスの鳴き声は？と聞けば、
100人中100人が即座に
「ホーホケキョ」と答えるだろう。
けれどウグイスの写真を見せて、一体何人の人が
正確に「ウグイス」だと当てられるだろう。
ウグイスの名前は知っているのに、
見たことのない鳥ナンバーワンでもある。

これってウグイス？　知らないことがたくさん

　ウグイスは地味だ。メジロをウグイスだと勘違いしている人が多いのは、メジロの方がウグイス色のイメージに近いから。多くの日本人はウグイス色を抹茶のような色と思っているが、ウグイス色も、本物のウグイスも、緑というよりは茶色に近い。何故、そんな誤解が生じているのかと言えば、和菓子屋の影響が大きい。うぐいす餅は青大豆の粉をかけていて、うぐいすパンも青エンドウの餡を使っているので、どちらも抹茶のような色。だからウグイスを見たことのない人は、ウグイスはこういう色なんだ、と思い込んでしまっている。また春の「ホーホケキョ」というさえずりは有名だが、それ以外の季節に鳴く「チャチャッ」という笹鳴きと呼ばれる地鳴きはほとんど知られていない。警戒すると谷渡りといって「ケキョケキョケキョケキョ」と激しく鳴く。

ウグイスの巣はこのように葦や笹などで作られることが多く、卵の色はえんじ色。薮の中を好み、体も巣も保護色だ

「ホーホケキョ」とさえずる時は、思い切って首を伸ばし、大きな声で鳴く。地鳴きは「チャチャッ」と舌打ちのような音

間違えやすい野鳥

【オオヨシキリ】
【ヤブサメ】
【センダイムシクイ】

ウグイスには似た見た目の野鳥がたくさんいる。ただしそれぞれに鳴き声は全く異なる。例えばオオヨシキリ（写真上）は声が全然違って「ギョギョッ」という鳴き声で水辺にいる。ヤブサメは（写真中）「シシシシ」と虫のように鳴き、もっとシッポが短く寸が詰まった感じで眉が白く、目力がある。センダイムシクイ（写真下）も眉が白く、羽はもう少しオリーブ色で、「チヨチヨピー」と鳴き、「焼酎一杯ぐいー」と聞きなしされている。

ウグイスはオオルリ、コマドリと並ぶ日本三鳴鳥の１つ。山梨県と福岡県の県鳥に選ばれるなど人気の鳥だ。その割に見た目が浸透していないが…

鳥と比べたドングリの大きさはこのくらい

DUSKY THRUSH

Turdus naumanni

ツグミ［鶫］

スズメ目ヒタキ科

見つけやすさ ◆◆◆

大きさ：全長24㎝
見られる季節：秋から春
見られる場所：市街地、公園、草地、屋根の上
杭、木の枝、梢、地べた
鳴き声：キイッキイッ、クワックワッ、キュッキュッ
聞きなし：なし

「だるまさんが転んだ」をしている

体の大きさに反して、気が弱いお人好し。
好物の木の実やリンゴを食べに来ても、
他の鳥がいるとなかなか行けず、
隅っこの方で、こっそりおこぼれを食べている。
挙動不審な行動も面白い。ちょっと歩いてはピタッ、
またちょっと歩いてはピタッと止まる、
そんなことをたった一羽だけで繰り返す。
ずっと地面の上を歩いていて、
本当に飛ぶのか？と思うほどだが、
実ははるばるシベリアから飛んで渡って来た冬鳥。
見かけたら、思わず笑ってしまう、ユニークな動作の鳥だ。

ぐいっと胸を張って、地面の上をちょこちょこ歩く

ツグミはちょっと変わっている。まず見た目がユニーク。地上ではペンギンのように、翼を下に下ろし、ほぼ直立不動。動かないのかと思いきや、突然、チョンチョンと飛び、ピタッとしばらく止まる。その動作を繰り返すので、試しに「だ・る・ま・さ・ん・が・転・ん・だ」とこっそり言ってみよう。面白いくらい、その調子に合うから笑ってしまう。ツグミはシベリアから遥々飛んで来た冬鳥。ほとんど鳴かないため、「口をつぐんでいる」ことからツグミと名付けられたという説も。実際には空を飛んで来たはずなのだが、日本では地面にいる印象が強い。しかもシベリアから海を渡ってくる時は群れになっているのに、日本についた途端に単独行動を始める。まるで現地解散のツアー客のようだ。おどおどと他の様子を伺いつつ、自分よりずっと小さな鳥が来ても驚いて逃げてしまうことも。驚かさないように、そっと遠くから眺めてみよう。

オスメスの違いはほぼなく、ともに眉斑、喉の部分が白いのが特徴。鳴き方は「キイキイ」「クワックワッ」など

立ち上がっている時の様子。この格好でピタリと止まって、そこから突如、早足でちょこちょこと歩き出す

亜種が多い

ツグミは亜種が多く見られる。色が全体的に薄く、頭部と背中は灰色っぽい。眉斑も淡くハッキリしないものもいる。

間違えやすい野鳥

【アカハラ】
【シロハラ】

名の通り、お腹が赤っぽいのが「アカハラ」（写真上）、お腹が白っぽいのが「シロハラ」（写真下）。体のサイズも似ているが、最近では見かけることは少ない。

【右中】止まり方によって、ふっくら見えたり、スリムに見えたりする【左下】ツグミの仲間のクロツグミも人気だ

VARIED TIT

Poecile varius

鳥と比べたドングリの大きさはこのくらい

ヤマガラ

［山雀］

スズメ目シジュウカラ科

見つけやすさ　◆◆◇

誰とでも仲良くできる平和主義

ヤマガラは見た目の通り、温和な鳥。種を越えて、一つの木の中で棲み分けができる。また人懐っこいことでも有名。

人間でいえば、誰よりも情報が早い、クチコミ力の高い女子のよう。

エサを見つけるスピードもとても早い。ツーツーピー、ツーツーピーとお喋りで、誰とでも楽しく仲良く過ごせるタイプだ。

大きさ：全長14cm（スズメ大）
見られる季節：通年
見られる場所：市街地、公園、草地、河原
　農耕地、湿地、林、木の上、梢
鳴き声：ツーツーピー、ニーニーニー
聞きなし：なし

ヤマガラのクチコミ力がすごい！

一瞬、ぬいぐるみか？と見間違えるほど。こんな弱々しい鳥が厳しい自然の中で生きていけるのか、と心配になってしまうが、ヤマガラは周りと仲良くすることで、自分の居場所を上手く確保している。普通は種を越えることは難しいが、ヤマガラにとっては、敵じゃない＝みんな友達、といったふうだ。冬になると「混群」という行動を取り、他の仲良しの鳥たちに混ざって行動をする。同じ木で寝たり、同じエサを食べたり。仲良しグループはシジュウカラ、エナガ、メジロ、コゲラなど結構多種に渡る。ヤマガラはとにかくエサを見つける能力に優れ、クチコミ力がすごい。「あっちにいいエサ場があったよ。みんなで行こう」と仲のいい友達に教え、集団になることで自分が敵に襲われるリスクを減らしている。また上の枝の方を好むシジュウカラやエナガなどは、他の鳥よりも素早く敵の襲来に気づくため、それをまた他のみんなに教える。弱いもの同士、お互いの得意なことを持ち寄り、持ちつもたれつ生きている。

ヤマガラは土地に対する執着が強く、狭いエリアだけで生活を行う。近所の公園で見られた個体はこの地の常連かもしれない

頭は白黒のツートンカラー。昆虫を食べるが、木の実も好きで、実を樹皮の隙間などに差し込み貯蓄することもある

手に乗るかも？

ヤマガラは主に日本に住み、他の鳥のように移動はしない。あまり人間を恐れないため、野生の鳥なのに、うっかりすると手に乗ってきそうな勢い。神社でおみくじを引く鳥としても有名だ。

間違えやすい野鳥

【ジョウビタキのオス】

色は異なるが、似た雰囲気があり、遠目では間違えやすい。詳しくはジョウビタキ P18 を参照。

ヤマガラ Varied Tit

見ての通り、枝の上にチョンと乗っている感じで、ぬいぐるみ感が半端ない。思わず写真を撮りたくなる可愛さだ。

EURASIAN TREE SPARROW

Passer montanus

スズメ［雀］

スズメ目スズメ科

見つけやすさ ◆◆◆

大きさ：全長15㎝
見られる季節：通年
見られる場所：住宅街、人家周辺、公園、草地
電線、田畑、木の枝、地べた
鳴き声：チュンチュン、ジジジ
聞きなし：なし

子どもにもっとも親しまれている野鳥

スズメは小さな子どもでも、
見た目と名前が一致している数少ない野鳥。
有名な昔話にも登場し、雑草などにも
「スズメノテッポウ」「スズメノカタビラ」などがあり、
諺にも「スズメの涙」なんて言われるように、
農作が盛んだった昔の人にとってそれほど身近で、
また「小さい」ことを表す代名詞でもあった。
公園でパンを食べていれば、チュンチュン、と首を傾げながら
子どもの足元まで無防備に歩いて来る姿は
小さな子どもにとっても、守りたくなる可愛い存在だ。

もっともポピュラーな野鳥であり、基準となる鳥

野鳥の世界では、基本のサイズを表す物差鳥がある。その一つがスズメだ。大体の大きさを伝えるために「○○大」という際に、スズメ大、ハト大、カラス大、とある中で、スズメはやはり一番小さなサイズの鳥。スズメは野鳥でありながら、大自然の中にはいない。スズメは人と共存し、人の傍で暮らす、という戦略を取って繁栄に成功した種類だと言える。人が作った農作物のおこぼれをついばんだり、里山にたくさんいる昆虫などを捕まえたりしていれば、エサに困ることはない。家の軒先や壁の隙間、電信柱、鉄パイプなどに巣を作ることもある。それでも人間にとってそれほど気になる存在ではないため、あまり邪魔者扱いもされず、駆除されることも少ない。むしろ人の傍にいる方が、フクロウやタカなどの外敵から襲われず、安全とも言える。人が来てもあまり逃げず、人懐っこい印象があるのもそのためだ。

子育ても人のすぐ傍で行う。そのためスズメの卵や雛を見る機会もあるかもしれない。樹洞に巣を作ることもある

スズメの砂浴び姿が可愛い。遊んでいるように見えるが、体についた寄生虫などを取り除くためにしている

案外、絵に描けない?

「スズメって知ってる?」と聞けば、誰もが「知ってる!」と答えるだろう。でもいざ絵に描いてみようと思うと…何だかよく思い出せないのがスズメだ。帽子までは描けるが、似ても似つかない絵が完成したりする。試してみよう。

間違えやすい野鳥

【ニュウナイスズメ】

スズメよりやや小さく、ほっそりとして、赤っぽく、頬に黒いマークがないのが違い。スズメとは異なり、人の家にはあまり近寄らず、林や河原などで暮らす。

【右中】スズメの雛。毛がフサフサしている。民家に巣を作ることがあるため、雛が地面にいることも【左上】スズメは集まることで体温を調整したり、安全を確保している

BARN SWALLOW

Hirundo rustica

鳥と比べたドングリの大きさはこのくらい

ツバメ［燕］

スズメ目ツバメ科

見つけやすさ ◆◆◇

大きさ：全長17㎝
見られる季節：春から秋
見られる場所：市街地、公園、住宅や商店などの軒下
開けた場所、道路上
鳴き声：チュピッ、チュピチュピジー
聞きなし：「土喰って虫って渋ーい」
「地球地球、地球儀」

夫婦で協力して子育てする幸福の象徴

ツバメほど人間に愛されている鳥はいない。
ツバメが家の軒先に巣を作れば、
雛が落ちないようにガードし、
またその家に幸運をもたらす、とも言われている。
またツバメは農作物に害を与える
昆虫を食べてくれるため、
農家などにとっても役に立つ、益鳥だ。
おめでたい席で着る「燕尾服」もツバメから来ている。
まさに世界を旅する、福を運ぶ鳥だ。

飛んでいる姿で認識できる数少ない鳥

カワセミほどに派手な色合いならばともかく、地味な色で、素早く飛んでいる鳥を一目で言い当てることはプロでも難しい。けれどツバメに関しては「あ、ツバメだ」と誰でも言い当てる。それはツバメの飛行姿が特徴的だから。燕尾服のモデルにもなった尾羽はV字に深く切れ込み、羽ばたかずにスーッと素早く飛ぶ。ツバメは非常に飛ぶのが上手い鳥で、飛行速度はなんと時速200km！　屋根の下へスイッと入ったりと急な方向転換もでき、壁に激突せずにフワッと舞い降りるなど自由自在だ。「ツバメが低く飛ぶと雨が降る」と言われるのは、空気中に水分が多くなるとツバメのエサである虫があまり飛ばなくなるため、地面スレスレを飛びながらエサをとるためだと言われている。子育てをするために日本にやってくるツバメは東南アジアなどから飛んで来る。世界を旅する益鳥の代表格だ。

民家で子育てする割に、巣には人工的なものを使わず、枯れ草や泥を口に含んで、何日間もかけて夫婦で巣作りを行う

飛びながら昆虫を食べるため、地面の近くをスイーッと飛ぶ。オスは尾羽は長ければ長い方がメスにモテるらしい

どうして民家に巣を作る?

民家で子育てをすることが多いのは、卵や雛がカラスなどに襲われないようにするための知恵だ。ちなみにツバメの巣は、中華料理の高級食材「ツバメの巣」とはまったく異なる種類だ。

間違えやすい野鳥

【イワツバメ】

額から喉にかけて赤いのが一般的なツバメ。イワツバメは赤色がなく、白と黒で少しだけ小さい。飛び方はほとんど同じなので、上空を飛んでいる時は見分けにくい。

【右上】ツバメほど小さい鳥で羽ばたか
に飛ぶ鳥は他にあまりいない。冬には台
オーストラリア北部、マレー半島まで渡
ものもいる【左下】飛ぶのが得意なツバ
だが、細い木の枝に止まるのは苦手

ORIENTAL TURTLE DOVE

Streptopelia orientalis

キジバト［雉鳩］

ハト目ハト科

見つけやすさ ◆◆◆

大きさ：全長33㎝
見られる季節：通年
見られる場所：市街地、公園、街路樹
人家、木の枝、地べた
鳴き声：デデッポッポー
聞きなし：「鉄砲鉄砲」「Google」「年寄り来い」
「人取って喰う」

口の中からミルクを与える

日本に昔からいるキジバト。別名ヤマバト。
夏休みの朝になると聞こえる
「デデッポッポー、デデッポッポー」という
あの独特な鳴き声を誰もが聞いたことがあるだろう。
ハトは平和の象徴と言われることもが多いが、
やはり性格も温厚で、夫婦で子育てをする。
年に数回繁殖できるのは、
雛にミルクを与えられるからだ。

一年中子育てできる特殊な能力を持つ

多くの鳥類はエサが豊富な時期にしか子育てができないため、春にさえずり、初夏に繁殖する。でもキジバトの場合は、「ピジョンミルク」という特殊能力を持っているため、年に数度繁殖し、子育てすることができる。キジバトは基本的に果実類を好むが、虫も食べ、人間の残り物なども食べられる雑食性。山にエサが足りなくなれば、市街地に降りて来て割と何でも食べる。そんな親鳥が食べたものを体内で栄養に替え、それを分泌液として、口の中から栄養満点のミルクのようなものを出すことができ、雛にいつでも与えることができる。しかもなんとオスでもそのピジョンミルクを出すことができるので、夫婦交代で雛に栄養を与えられる。キジバトは羽も美しく、その模様がキジのメスに似ていることから、キジバトと名付けられた。巣作りをするためにちょうどいい木を探し、庭にくることもある。枝と葉が込み入った場所を好む。

キジバトは年に数度、子育てをするため、渡りなどはせず、同じ場所でじっくり子育てをする

巣は葉が生い茂った枝と枝が交差し合う場所に、小枝などを絡めて作る。巣作りももちろん夫婦共同だ

夫婦仲良し

オシドリ夫婦という言葉があるが、キジバト夫婦も仲の良さでは負けていない。結婚後は常に一緒に行動し、協力して子育てをする。求愛はオスが頭を上げ下げして「ククルククル」と鳴いて近づく。そのアプローチの仕方も温和そのもの。

間違えやすい野鳥

【ドバト】

いわゆる公園にいて、パンくずなどを食べているのは大抵ドバト。種類も色々いて、混ざっている。キジバトはグレーと茶が混ざった色で、首に数本線が入っている。首が玉虫色っぽいのがドバト。伝書鳩が逃げ出して、野生化した。

【右中】キジバトの雛。見た目はまったく違う鳥のよう【右下】羽を休める時も、巣づくりも、このような混み合った枝の間だ

BULL-HEADED SHRIKE

Lanius bucephalus

鳥と比べたドングリの大きさはこのくらい

モズ［百舌］

スズメ目モズ科

見つけやすさ ◆◇◇

大きさ：全長20㎝
見られる季節：通年
見られる場所：市街地、公園、河川敷
　木のてっぺんや高い場所、杭の上
鳴き声：ギュンギュン、キチキチキチ、キーィキーィ
聞きなし：なし

百の舌を持つ、小さな肉食ハンター

スズメ目の体長20㎝程度の鳥だが、昆虫のみならず、両生類、爬虫類、時には鳥をも獲物にする小さなハンター。しかも時折、捕まえたエサを「はやにえ」といって小枝や有刺鉄線などに刺している。秋に見晴らしのいい高台で高鳴きをしてなわばり宣言をする、気の強い捕食者だ。

「百舌」の名の通り、色んな鳥の鳴き真似ができる

モズはとても特徴のある野鳥。鋭く尖って先端が鉤のように曲がった型のクチバシは、狙った獲物を襲う武器。肉食で昆虫、カエル、ムカデ、ミミズ、トカゲ、ネズミ、カワラヒワなどの小鳥や雛などを補食する。時には自分の体と同等のサイズの鳥を捕まえることもあるというから驚く。不釣り合いに大きな頭で噛む力も強く、クチバシでトドメを刺し、肉を引きちぎる。人間から見ると頭でっかちで凛とした姿はむしろ可愛らしく写るが、他の鳥にとっては身近に潜む恐ろしい敵。相手が大型のワシタカならば薮に逃げ込めば助かるが、モズは薮の中にもいる。秋になるとモズは高い場所のてっぺんで「キョエキョエキョエ！」と普段とは異なる高鳴きをする。それは1羽だけで生きていく、という宣言だ。モズは「百舌」と漢字で書かれるように多くの鳴き声を持つ。他の甲高い声の鳥の鳴き真似をしたり、特徴的な節回しを真似たり、非常にモノマネ上手だ。

まるで猫がするように、獲物を狙っている時にシッポをぐるぐる回転させる

こんな小さな体で他の鳥を襲うとは信じられないほど。高い場所にとまり、じっと獲物を探している小さな肉食ハンター

小さな殺し屋

枝など尖ったものに虫やカエルなどが刺さっている「はやにえ」はモズの仕事。このはやにえには諸説あり、足があまり器用じゃないため食べやすいように刺した、その食べ残し、とも言われている。

間違えやすい野鳥

【アカモズ】

見晴らしのいい草原が減るなど環境の変化に伴い、今では絶滅の恐れがあると心配されているアカモズ。実際には遭遇する確率は少ないが、見た目はモズによく似ており、見分けにくい。

【左上】一見するとか弱き小鳥のよう。この小さな体を上手く使って、様々な種類の獲物を狙う。高い場所から見張り、飛び下りて捕える

JAPANESE PYGMY WOODPECKER

Dendrocopos kizuki

コゲラ

［小啄木鳥］

キツツキ目キツツキ科

見つけやすさ ◆◆◇

大きさ：全長15㎝（スズメ大）
見られる季節：通年
見られる場所：公園、街路樹、住宅地の古い木
木の幹、木の枝
鳴き声：ギィーギィー　キッキキッキッ
聞きなし：なし

スズメほどの日本最小キツツキ

ジャパニーズ・ピグミー・ウッドペッカー。
その英名でも分かるように、
日本のあちこちで見ることができる
もっとも身近で、一番小さなキツツキ。
足の爪をガシッと木の幹に引っ掛けて
垂直にコツコツ叩く様子はなかなかのもの。
一度は出会ってみたい憧れの鳥だ。

市街地でコツコツやっている小さな大工さん

一般的に有名なのは「キツツキ」という名前。でも実はキツツキという鳥はいない。キツツキは種類全体を指す名前だ。みんながイメージしている頭に赤い帽子をかぶったキツツキはアカゲラ。アカゲラに出会うためには山に出かけなくてはならないが、もっと気軽に市街地でも見られる可愛いキツツキがコゲラだ。意外かもしれないが、スズメの中に混ざって公園あたりにも飛んで来たりする。このコゲラは小さな体の割に、大きな足を持ち、木の幹に垂直に軽々ととまれるように足の指を開いている。また尾を堅くして体を支え、幹に穴を掘る。これはエサを探すためだったり、巣を作るためでもある。コツコツとクチバシを幹に打ち付けることをドラミングというが、コゲラは1秒間に15回ほども打てるドラミングの名手。足も強いが首もどれだけ強いのか。時折、「ギーッ」とドアがきしむような音がするが、それがコゲラの鳴き声だ。

コゲラが好むのは虫。古く、枯れている木や実の中には、おいしいごちそうが待っている

コゲラが庭に来てコツコツやりはじめたら喜んでいる場合ではない。その木は枯れて腐りかけている証拠だ

あえて辛い体勢で

巣を作る時は幹に対して垂直に穴を開けるというよりも、むしろ垂直よりも傾いている幹に穴をあける。反対側に乗った方が穴を掘りやすいのでは？と思うが、それだと雨水が巣の中に入ってしまい、卵が冷えてしまう。

間違えやすい野鳥

【アカゲラ】

一般的にキツツキといって思いつくのがアカゲラ。コゲラより大きく、頭部の赤い面積が大きいため、違いはすぐに見分けることができる。

【左上】鳥を探す時、普通なら木の上か、枝か、または地面ということが多いが、キツツキは木の幹にとまる珍しい種類。カブトムシを探していたら、コゲラだった、なんてこともある

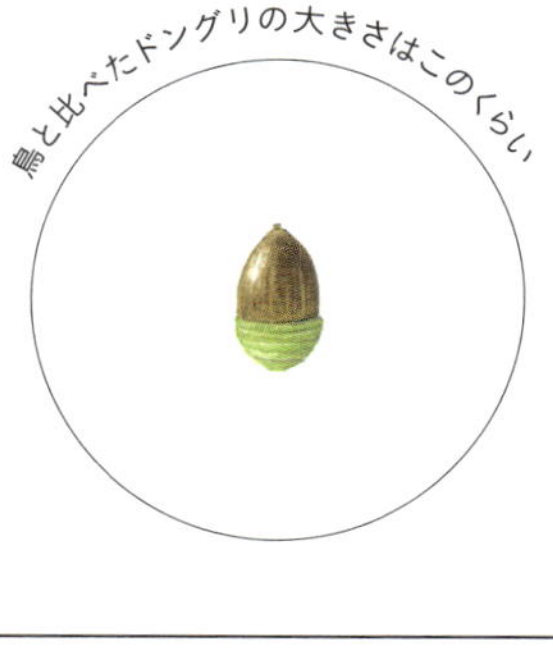

BROWN HAWK-OWL

Ninox scutulata

アオバズク

【青葉木菟】

フクロウ目フクロウ科

見つけやすさ ◆◇◇

大きさ：全長29cm（ハト大）
見られる季節：初夏から初秋
見られる場所：市街地、公園、神社、社寺林
　樹洞のある木、夜中
鳴き声：ホッホッー、ホーホー
聞きなし：なし

樹洞のある大きな木から、人間を観察している

「森の賢者」「森の哲学者」なんて呼ばれるフクロウ。そのせいか、クフロウは森の奥深くでしか見られない、仮にいたとしても、人間には一切姿を見せる隙はない、というふうに思える。

そんなフクロウの中で、市街地で出会えるかもしれないのが、このアオバズク。

周囲に森を背負った公園や神社の境内などで、じーっとこちらを見つめているアオバズクに出会えたら何かいいことがありそうだ。

ギョロッと目力がすごい！フクロウの仲間

アオバズクは中型のフクロウ類。なんと言っても、印象的なのがギョロッと丸い黄色の目だ。飛んでいることが少ないため、姿そのものをむやみやたらに探すよりも、夏に社寺林へ出かけると見つかることが多い。社寺林とは神社に付随して参道や拝所を囲むように作られ、維持されている森林のこと。別名「鎮守の森（ちんじゅのもり）」ともいう。アオバズクと出会いたいなら、そんな社寺林がおすすめ。ホーホーという声が聞こえたら、樹洞のある大きな木を探して見上げてみよう。幼鳥はリリリリ…と鳴く。夏鳥で、青葉の頃に渡来してくることから、この名前がついた。秋にはまた南国へ帰って行く。夜行性で、エサはカブトムシなどの大きな甲虫や街灯に集まる蛾、小鳥、コウモリ、ネズミなど。「ペリット」と呼ばれる消化できなかったものを吐き出した跡を探して、その辺りの木を散策してみよう。鳴き真似をすると寄って来ることもある。

アオバズクの雛。毛がボサボサとしていて、一目で雛と分かる。もっと小さい頃は樹洞の中から出ずに暮らす

飛ぶ時は物音させず、サッと獲物を捕まえる。鋭い爪で飛びながら獲物をキャッチして離さない。鳥界の名ハンターだ

ご神木の樹洞

アオバズクはアイヌ語では「あの世に住むもの」と言われていたそうで、そのくらい神々しくもあり、恐ろしくもあったのかもしれない。巨木にある樹洞を好むため、神社などのご神木などがあればアオバズクを探してみよう。

間違えやすい野鳥

【フクロウ】

同じ環境にいるフクロウ類はそれほどいないが、その中でも出会える可能性のあるのはフクロウ目フクロウ科の中のその名も「フクロウ」。近年は激減しているが、昔は身近な鳥だった。

【右上】夜にこの黄色く、ギョロッとした目玉が木の上に光っていれば、確かに怖い。フクロウに続き、アオバズクも人間の環境破壊によって、数を減らしている。巨木を大切に残しておきたい

WHITE-CHEEKED STARLING

Sturnus cineraceus

ムクドリ

［椋鳥］

スズメ目ムクドリ科

見つけやすさ ◆◆◆

集団でやってくる嫌われ者

もしかするとカラス以上に嫌われ者の、野鳥界のヒール代表。

人の多い街中や駅前などの街路樹に群れをなして占領し、「ジェージェージェー！」「ギュルギュル！」と、濁った大きな声で、とにかく本当にやかましい。

騒音だけでなく、集団でねぐらを確保するので糞害も問題になっている。

大きさ：全長24cm
見られる季節：通年
見られる場所：市街地、公園、人家、駅前の街路樹
電信柱、芝生
鳴き声：ジェージェー、ギュルギュル
聞きなし：なし

実は昔からずっと日本にいる野鳥

黒い毛の下から、ちらほらまばらに見えるグレーの毛。薄汚れた感じの見た目。何故か突然クチバシと脚のみ黄色というバランスの悪さ。そして人前でもズケズケと歩き回り、ギャーギャー鳴きながら集まって街路樹を埋め尽くしている。カラスのような知性も見られない。ムクドリに関してポジティブな情報がまったく出てこないところからも、いかに広く人間に嫌われているかがよく分かる。悪さをするので、いかにも外国から来た外来種という感じがするが、ムクドリは昔からずっと日本にいる鳥。江戸時代には田舎から出て来た出稼ぎの者をムクドリに例えたそうだ。あか抜けず、何だか分からない田舎言葉でやかましく喋っている。ちなみにムクドリは一万羽ほど一度に集まることがある。魚で言えばイワシの群れのように、ムクドリもまた集団で空に塊の模様を描くことがある。

夕暮れ時や夜に集団行動しているムクドリを見るとコウモリと間違えてしまう人も多い

電信柱や街路樹、橋の周辺など、集団でギャーギャーわめいているうるさい鳥がいたら、それがムクドリだ

物差になる鳥

ムクドリはスズメとハトの間の大きさを表現する時に使われる物差となる鳥。そのくらいポピュラーな鳥、という証拠でもある。一般人には「ムクドリ大」と言われてもあまりピンとはこないが…。

間違えやすい野鳥

【なし】

ムクドリはある意味でオンリーワンの存在。コムクドリという名前の似たムクドリ類はいるが、その派手な色味であまりに違うため見間違うことはまずない。あえて言うならパッと見、クロツグミ（写真）に似ていなくもないが、集団行動するため、単体行動するクロツグミとも違う。

【左上】ムクノキの実を好んで食べることからムクドリと名付けられた。カラスやトビ、猫などから身を守るため、集団行動で身を守っている

NARCISSUS FLYCATCHER

Ficedula narcissina

キビタキ

【黄鶲】

スズメ目ヒタキ科

見つけやすさ ◆◆◇

小さな体で海を越える、旅する夏鳥

キビタキは不思議がたくさん。
こんな小さな体なのに、冬は海を渡り、
遠く東南アジアまで旅をする。
また飛びながら虫を捕まえる
フライングキャッチも得意。
そして普段はツクツクボウシに似た鳴き声や、
争いの時にはブーン！とスズメバチに似た音を出す。
スッとカッコいい、オレンジと黒のライン。
凛とした目つきで、敵も恐れず、人に懐かず。
まるで小さな勇者のようだ。

大きさ：全長14cm（スズメ大）
見られる季節：春から秋
見られる場所：公園、木の中ほどの枝
空間のある明るい林の中、小川のそば
鳴き声：ピリリッ、チーチョホイ、ピッコロロー
ツクツクチー
聞きなし：「オーシツクツク」
「ちょっとこーい」

派手なオス、地味なメスのどちらも魅力的

キビタキの代名詞とも言える、オレンジと黒のラインは、実はオスだけのもの。メスはビックリするくらい見た目が異なる。野鳥ファンの間でも、派手なオス派、地味なメス派それぞれにファンがいる。渡りをする野鳥はたくさんいるが、その中でもキビタキは最小のサイズ。手のひらサイズのこんな小さな鳥が数千kmもの距離を飛び、羽を休める場所のない海を渡る姿を想像すれば、こんな小さな体のどこにそんなパワーが秘められているのだろう、と感心させられるだろう。日頃キビタキを見かけることは難しいが、9〜10月頃の渡りの季節になると、市街地でも見かけるようになる。またさまざまな鳴き声を使い分ける名人であるのも特徴の一つだ。通常の鳴き方の「ピリリッ」と高い声以外にも、「チーチョホイ、チーチョホイ」といったツクツクボウシのような節回しをすることもある。

キビタキのオス。黒ベースの中に、目の上にある眉斑が黄色く、胸のあたりがややオレンジ色なのが特徴

キビタキのメス。オリーブ色一色。子育て中は昆虫を、秋には木の実などのエサを枝の間で食べる

美しきナルシスト?

キビタキの英名は「Narcissus Flycatcher」。ギリシャ神話のナルキッソスは水を飲もうと水面を覗き込むとそこに美しい少年がいて離れることができず死んだ、という「ナルシスト」の語源に由来する。そのぐらい美しい。

間違えやすい野鳥

【オオルリのメス】

オスに似ている鳥は日本にはいない。ただしキビタキのメスは、オオルリのメスとそっくりでプロでも見分けがつかないほど。

【右上】キビタキの雛【左上】キビタキのメス【左中】キビタキのオス。シルエットが同じでもカラーリングでここまで違う鳥のように見えるとは。眉のオレンジがキリッと上がっているのも印象的

鳥と比べたドングリの大きさはこのくらい

RED-FLANKED BLUETAIL

Tarsiger cyanurus

ルリビタキ

［瑠璃鶲］

スズメ目ヒタキ科

見つけやすさ ◆◇◇

身近で見られる青い鳥

見かければ誰もが立ち止まる
鮮やかな瑠璃色の羽を持つ小鳥。
人の目線の高さとほぼ同じ高さの木々に
とまることが多く、
また薄暗い場所を好むこともあり、
一層、その美しさが輝いて見える。
ヒタキの中でも人気のある種類だ。

大きさ：全長14cm（スズメ大）
見られる季節：通年
見られる場所：市街地、公園、
　視線ほどの高さの低木
　木の枝、地べた、やや薄暗い場所
鳴き声：フィルリルリルー
　ヒッヒッヒッ、カッカッ
聞きなし：「ルリビタキだよ」

「ルリビタキです」と自己紹介する？

青い鳥と言えば幸せを呼ぶ鳥として有名。そのせいなのか野鳥に特に興味がない人でも、ルリビタキを見ると「わあ！」と声を上げる。ルリビタキは名の通り、瑠璃色をしたヒタキ科。日本ほぼ全域に住み、夏は高い山の針葉樹林などで繁殖し、冬は国内の公園や里山など低地に降りて来る。ルリビタキを探すなら冬がチャンス。茂った林内で、目線より上の方ではなく、下の方が見つけられる確率が高い。ルリビタキは林の地面や低い枝におりていることが多い。普段は「ヒッ、ヒッ」と短く美しい声で鳴くが、さえずりは複雑で「フィルリルリルー」と鳴き方が変わる。それが「ルリビタキです」と自己紹介しているように聞こえるから面白い。子どもなら挨拶がてら自分の名前を言ってみるのも楽しい遊びになりそうだ。ちなみに瑠璃色なのはオスのみで、色鮮やかなものほど年齢が高い。メスはオリーブ色でオス同様、脇のあたりに黄色がチラリと見える。

ルリビタキのメス。オスとはまったく異なる色だが、シッポのみ瑠璃色がほんのり見える

エサは昆虫や植物の実などを素早く食べる。エサとなる昆虫類が地面近くにいるため、ルリビタキも低い場所にいる

自分にアタック！

ヒタキ類はなわばり性が強いため、車のミラーやカーブミラーなどに映った自分の姿をライバルだと思って、クチバシなどでコツコツとアタックすることがある。

間違えやすい野鳥

【ジョウビタキのメス】

ジョウビタキのメスと、ルリビタキのメスは前や横からではほとんど見分けがつかない。唯一の見極めはシッポの色。ジョウビタキのメスは尾羽が赤っぽい。

【右上】絵の具で色でも塗られたのか、というような青と黄色。瑠璃は仏教の七宝の一つのラピスラズリ。地球の色にも例えられる。ルリビタキは立っている姿がなんとも愛嬌がある

JAPANESE WAXWING

Bombycilla japonica

ヒレンジャク［緋連雀］

スズメ目レンジャク科

見つけやすさ ◆◇◇

大きさ：全長18cm
見られる季節：秋から春
見られる場所：市街地、公園、電線、枯れ木梢、ヤドリギのある場所
鳴き声：チリチリリ、ヒーヒーヒー
聞きなし：なし

長い冠羽と高音ボイスが自慢

鳥好きにファンが多い、このロックな見た目。
「連雀（レンジャク）」と書くように、連なって飛び、
集団で一斉に舞い降りる姿は、まるで空のパトロール隊。
「チリリリー」「ヒリリリー」と高い声で鳴き、
その声はまるで虫のよう。
あまりに高い音のため、
60歳以上の人には聞こえないことも。
鳴き声で探すなら、子どもの方がよく見つけられる。
名前も「〇〇レンジャー」みたいで覚えやすい。

まるで虫のような鳴き声

フサフサと筆のように勢いよく伸びた頭の上の羽。目の周りと首は黒、目の周りとシッポは赤のアクセント。何だか見た目がとてもカッコよく、強そうだ。戦隊ものが好きな男子なら「隊員」と名付けても、しっくり来そうな見た目。ヒレンジャクは集団で行動し、冬鳥として渡来する。そのため、見る時は何十羽も見て、見ない時は一羽も見ない。「今年は見れなかったね」なんて会話がバードウォッチャーの間では交わされる。ヒレンジャクの特徴は、やはりその美しい声。声だけ聞くと、虫と勘違いしてしまうほど、細く高い金属音のような音。果実や木の実など甘いものを好み、集団であっという間に食べ尽くしてしまう。特にヤドリギの実を好み、木の上で粘着性のある糞をし、その種が木について発芽する。そのためヤドリギにとってはなくてはならないパートナーだ。もしヒレンジャクを見たいなら、ヤドリギを探すのが近道だ。

ヤドリギ以外にも木の実を食べに来る。大抵の木の実は野鳥に食べてもらって発芽するのを狙っている

常に群れで行動し、飛び方や飛翔型などはムクドリに似ている。集団で木にとまっていることが多い

エサ台に来たら…

ヒレンジャクがもしエサ台に来ると、なかなか大変だ。集団でやってくる上に大食漢。リンゴなどもどんどん平らげてしまう。他の鳥が来るヒマもないため、住宅地のエサ台には遠慮してほしい相手だ。

間違えやすい野鳥

【キレンジャク】

見た目はほとんど同じで、ほんの少し大きく、シッポと羽のアクセントカラーが黄色。鳴き方、習性などはほぼ同じ。

【左下】ヒレンジャクの英名はジャパニーズワックスウイング。レンジャクがワックスウイングにあたり、ワックスをかけたような羽。キレンジャクに対してアカレンジャクとせず、日本古来の伝統色「緋」をとり、ヒレンジャクとしたところもカッコいい

ORIENTAL GREENFINCH

Chloris sinica

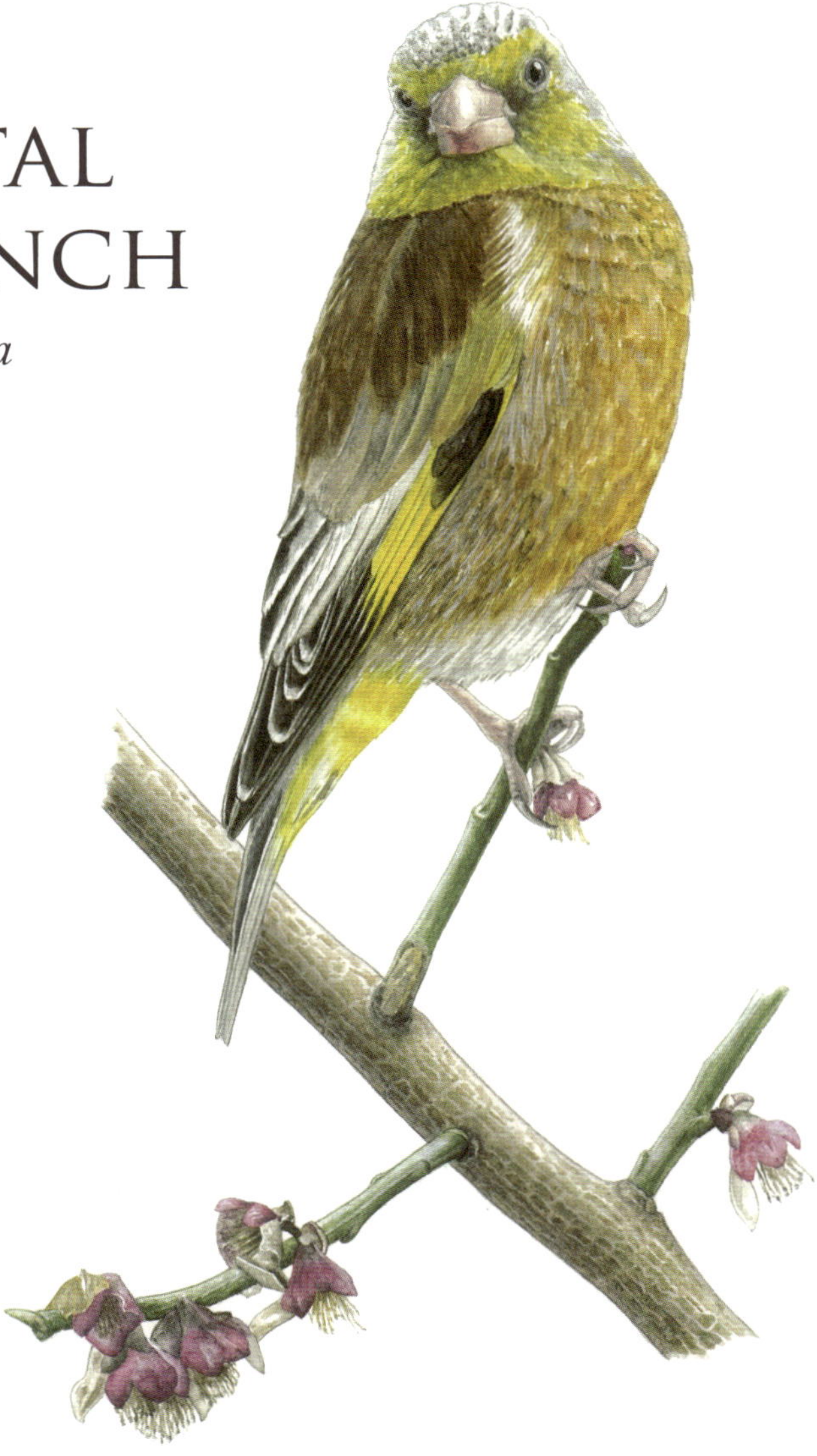

鳥と比べたドングリの大きさはこのくらい

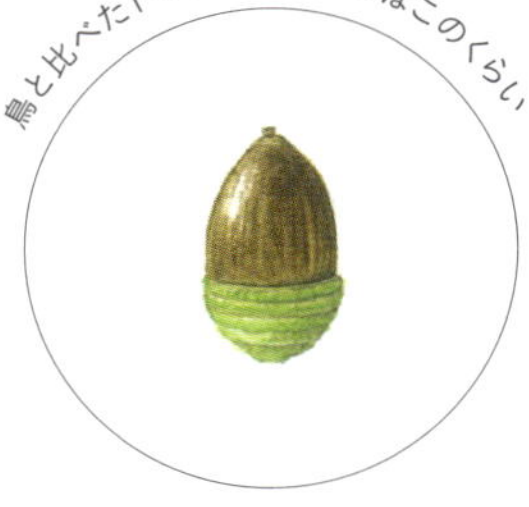

カワラヒワ［河原鶸］

スズメ目アトリ科

見つけやすさ ◆◆◇

大きさ：全長15cm（スズメ大）
見られる季節：通年
見られる場所：河原、木の上、電線、草地、公園
街路樹、空き地、地べた
鳴き声：キリリリ、コロコロ、ジュイーン
聞きなし：「手斧手斧（ちょうなちょうな）」

一年中どこにでもいる、小さな歌姫

カナリアのように鈴を転がすような歌声がしたら、
多分、それはカワラヒワ。
名の通り、河原などでよく見られる。
細い一本の穂の上に軽々ととまり、
地面に落ちた草花の種などをチョンチョンとついばむ。
遠目に見ると、ズズメのようだが、
その羽と尾にチラリと見える、鮮やかな黄色がポイント。

見通しのいい開けた場所が好き

一年中、公園や河原、農地など緑のある開けた場所にいる割に、意外と知られていない鳥の代表格。見た目がスズメにも似ているため、もし見かけても、スズメと間違えてしまう人も多い。稲刈りした田畑や、ススキがある河川敷などに行けば、集団で種をついばむカワラヒワを見ることができるだろう。飛び方は斜めに上下し、地面の上ではチョンチョンと飛ぶように歩く。イネ科の種を好み、スズメ同様、さほど臆病な性格でもないため、遠目に観察しやすい。見た目で探す時は、黄色の羽がポイントになるが、声にも特徴がある。もし秋の河原で「キリキリ、コロコロ」なんていう澄んだ声を聞いたら、静かに周囲を見渡してみよう。一瞬、虫の声にも聞き間違えてしまうほど、鈴の音に近い声。販売されているカナリアも同じ仲間。自然の中でカナリアのように美しい声で鳴くカワラヒワには、ぜひとも庭に遊びに来てほしい。

スズメの集団…かと思いきや、その中に、こっそりカワラヒワが混ざり込んでいる、なんてことも

スズメに似て、水浴びが好き。浅い水たまりなどでも、水浴びしている様子を見ることができる

庭に呼んでバードウォッチ

カワラヒワはエサが草花の種子のため、ヒマワリの種などを置いておくと、庭先に呼ぶこともできる。ただし大都会のビル群にはあまり生息していないため、少し緑地のある場所、公園などの近くなら呼べる可能性は高い。

間違えやすい野鳥

【マヒワ】

シルエット、飛んでいる姿などはよく似ているが、カワラヒワよりも胸の色の黄色の面積が広く、全体的に黄色い。鳴き声も「チュルチュル」「ジュイーン」という感じで、「コロコロ」という鳴き声はあまり出さない。

【右下】カワラヒワは草花の種が主食。河原には多くの雑草が自生しているため、どれだけ食べても人間から追い払われたりしない。コンクリートの上では目立つカワラヒワの羽も、草花の上では目立たない

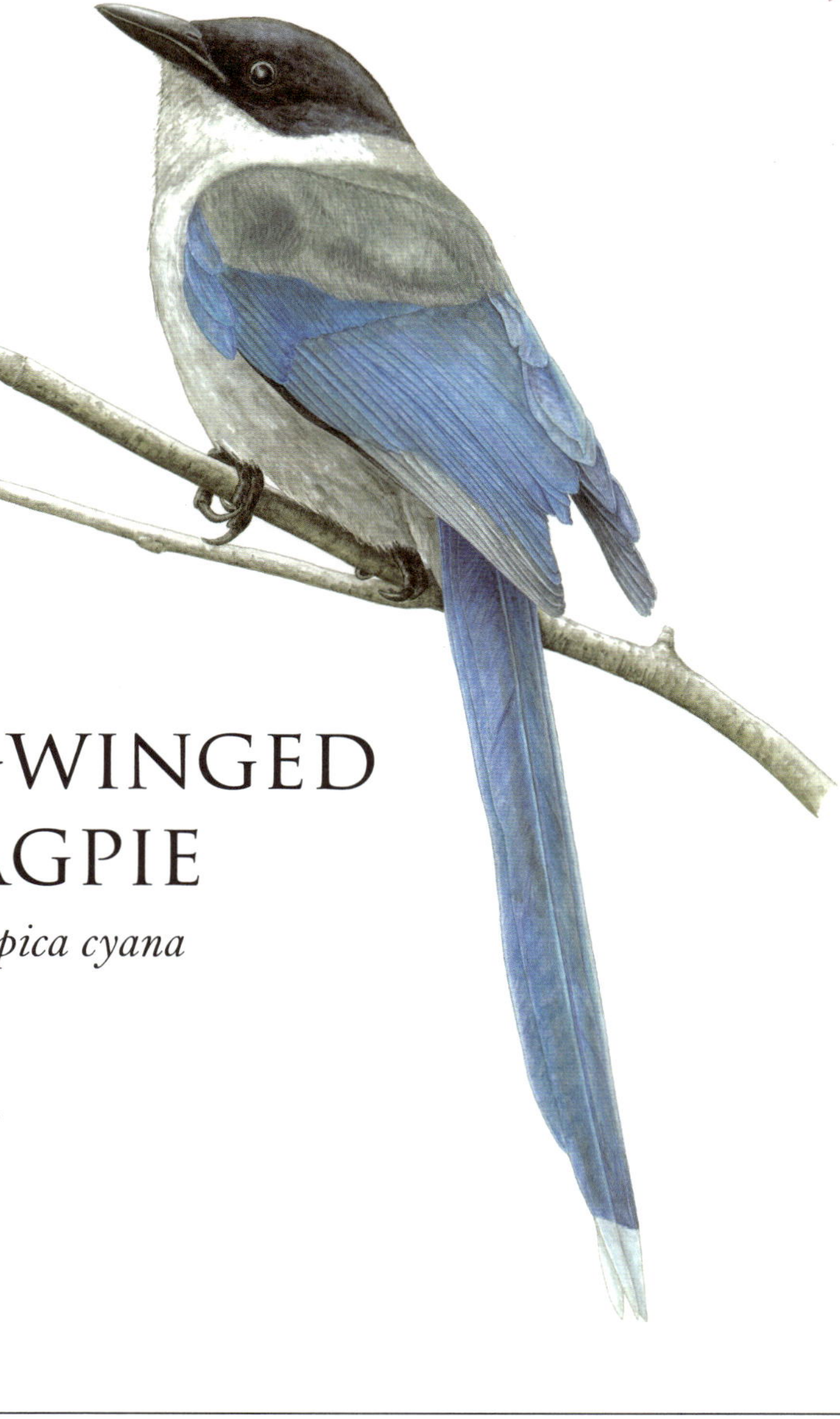

AZURE-WINGED MAGPIE

Cyanopica cyana

オナガ

［尾長］

スズメ目カラス科

見つけやすさ ◆◆◇

こう見えて、実はカラスの仲間

スッとした佇まい。
黒の帽子を目深にかぶり、尾は長く美しい淡い青。
どことなく気品に包まれているオナガは
れっきとしたカラスの仲間。
見た目に反した「ギュエーッ」という声にも驚かされる。
分布が非常にミステリアスで、
何故か西日本にはほとんどいない。

大きさ：全長37㎝
見られる季節：通年
見られる場所：主に東日本の市街地、公園
人家のそば、木の上
鳴き声：グゥエグゥエ、ギュエーッ、ゲーィ
ピューイピューイ
聞きなし：なし

尾が長く、飛ぶ姿も美しい。鳴く声はまるで動物の喧嘩のよう

東日本エリアでは、市街地でも公園でも、あちこちで割と気軽に見かける野鳥。尾が長くて青く、特徴的なので、一度見ればすぐに認識できるだろう。飛ぶ波形も美しく、浅く波打つように飛び、広げた羽も優雅だ。そんな上品な見た目に対して、鳴き声は「ゲエゲエー」「ギュエーッ」といった感じで濁っており、そのギャップに驚かされる。オナガはカケス、カササギ、などと同じカラスの仲間。エサはカラス同様、何でも食べる。虫や木の実はもちろんのこと、人間の残したパンくずや果物、鳥の卵も雛も食べる。木の上や、屋根などにとまり、人間をあまり怖がらないところもカラス譲り。不思議なのは分布で、日本では東日本に多く、西日本ではほとんど見られない馴染みのない鳥となる。また日本以外では一部アジア、そこからはグンと遠く離れたポルトガル、スペインにも限定的に生息しており、他のエリアでは見られない。

オナガは市街地でもよく見られ、木々だけでなく、人工物なども恐れない。大体 20 羽前後で群れをなす

子育ても集団で行う。巣も子育ても群れで行い、餌やりも親だけでなく群れの中からヘルパーが加わる

もし庭に呼ぶと…

オナガがに庭に来ると少々厄介。カラス同様に何でも食べてしまう上に、鳴き声も非常に大きい。またオナガは小鳥の捕食者のため、オナガが居座ることで、他の野鳥が来なくなることも。

間違えやすい野鳥

【なし】

オナガは個性的なカラーリングとシルエットのため、他に似た鳥はあまり思い浮かばない。ただし名前のみよく間違えられるのが「エナガ」(90P)。見た目はまったく違うのだが…。

【上】飛ぶ姿のシルエットは本当に美しく、2枚の扇を広げているよう【右下】カラスの仲間のため、余ったエサを屋根やビルの隙間などに貯蔵することがある。

鳥と比べたドングリの大きさはこのくらい

LONG-TAILED TIT

Aegithalos caudatus

エナガ ［柄長］

スズメ目エナガ科

見つけやすさ ◆◇◇

雪の妖精のような、空前絶後の可愛さ

野鳥好きの間では、
カワセミ、ルリビタキ、ジョウビタキに並ぶ
ファンが多いアイドル野鳥。
つぶらな瞳。ふわふわの綿毛のような丸い体。
こんな頼りない生き物が、
枝の上や下をプラプラと歩いたり、
飛んだり、はねたりしているなんて、
ちょっと夢でも見ているような気分になる。
一度見たら、虜になってしまう魅惑の野鳥だ。

大きさ：全長14㎝（スズメ大）
見られる季節：通年
見られる場所：森のある神社、大きな公園
低木の林、木の枝の上、木の枝の下
巣作りにクモの糸を集める
鳴き声：チーチーチー、ジュルリジュルリ、チュリリ
聞きなし：「地ぃ踏んだぁ、地ぃ踏んだぁ」

ズルい…もはや反則、というほどのルックス

ふわふわで、丸い手のひらサイズ。これほどリアルなぬいぐるみのような鳥はいない。まるで雪の妖精のような見た目だが、エナガの巣もふわふわの羽でできている。外側はコケやクモの巣などで丸く固められているが、中は羽を集めてきたフカフカの羽毛布団状態。さすがに街中や市街地の公園には少ないが、自然豊かな里山や、広大な森林公園のような場所でなら出会うこともできる。ぬいぐるみ感がもっとも強い理由は、そのクチバシの小ささだろう。他の小鳥も冬は丸く、フワフワしているが、ここまで小さなクチバシのものはいない。これでは木の実も入らない。こんな小さな口で一体どうやってエサを食べるのかと言えば、1mmほどの小さな蝶の卵などを食べ、葉にたまった水滴を飲み、樹液を吸ったりしている。鳴き声は「ジュリジュリ」「チーチー」といった感じで、何から何まで可愛い、と人間をメロメロにしてしまう野鳥だ。

体重も軽いため、こんな細い枝の先端に登ることもできる。また逆さになって枝にぶら下がる光景もよく見られる

こんな小さな体で一生懸命に巣づくり。クモの巣などを集めて回る

エナガだんご

巣立った後の雛同士がギュッとくっついて、枝の上に並ぶ様子を通称「エナガだんご」という。多いときには5、6羽ほどくっついていて、じーっとしている。

間違えやすい野鳥

【なし】

エナガに見間違えるほど、ふわふわした野鳥はいない。見間違えるとしたら、枝の上に乗った雪とか、枝にひっかかった綿毛など。

【写真すべて】亜種のシマエナガ。頭の黒い模様がなく、真っ白。北海道のみに生息する。ぬいぐるみ度はさらにアップ！

COMMON CUCKOO

Cuculus canorus

カッコウ【郭公】

カッコウ目カッコウ科

見つけやすさ ◆◇◇

大きさ：全長35㎝
見られる季節：夏
見られる場所：市街地、公園、明るい林、草原
高木や杭の上などの高い場所
鳴き声：カッコーカッコー、キョッキョッキョッ
聞きなし：「格好」「割烹」

他の鳥の巣に産卵する、不思議な性能

カッコウといえば、他の鳥の巣に自分の卵を産み、我が子を他の鳥に育てさせる「托卵」が有名。一個だけ産み落とした卵は、他の鳥より一歩早く生まれカッコウの雛は生まれてすぐに他の卵を蹴散らし、自分だけ親からエサを独占するようになる。自分よりも大きな雛にせっせとエサを運ぶ仮の親鳥は、「自分の子と違うかも」と途中で気づいても、雛が口を開けた時に見える真っ赤な色を見ると、本能的にエサを入れたくなるという。

名前はメジャー級。でも見たことはない

カッコウが托卵するのは、オオヨシキリ、モズ、アオジ、ノビタキ、ウグイスなど。中にはカッコウの大きさと比べるとかなり小さな鳥もいて、明らかにバレるだろうと思うのだが、不思議なことに、カッコウの戦略は上手くいっている。托卵のイメージもあってか人間的にはすっかり、「ずる賢い悪いヤツ」というイメージが定着している。よく見てみればちょっと怖い目つきで、明らかに鳥類のヒール役だ。カッコウはウグイス同様、名前だけ有名で、実際に見たことがない鳥の代表格。その上、鳴き声がそのまま名前になっている。よくアニメのモンスターが自分の名を繰り返して喋っていたりするが、カッコウはそのリアル版。「カッコウ、カッコウ」と自分の名前を呼んでいる。ちなみに英名の「Cackoo」も鳴き声と同じ。そのくらい鳴き声が印象的で、分かりやすい。カッコウの姿を見ることはほとんどないが、鳴く際には羽を下げて鳴く。

枝の上にとまり、「カッコウ、カッコウ」と鳴きながら、羽を下げる仕草が特徴。大きさは意外に大きく 35cm 前後もある

托卵されるのを防ごうと懸命に戦うノビタキ（右）。かなり大きさが違うノビタキの巣にも卵を生んで育てさせる

間違いやすい野鳥

【ホトトギス】
【ツツドリ】

見た目にはウグイス同様、非常に似た鳥が複数いて、専門家でもパッと見分けがつかないほど。ホトトギス（写真上）はサイズが一回り小さく、また鳴き声も異なる。聞きなしが「特許許可局」というほど慌ただしい。ツツドリ（写真下）はお腹の横線がカッコウより太く、鳴き声は「ポポー」とハトのような感じ。このカッコウに似た両者とも、やはり托卵をし、ホトトギスは主にウグイスの巣に、ツツドリは主にセンダイムシクイの巣に自分の卵を生む。

【上】カッコウを市街地で見かけても、ハトだと思う人も多い。キャンプ場のような場所でも見ることができる。目印はお腹のシマシマだ

JAPANESE GROSBEAK

Eophona personata

鳥と比べたドングリの大きさはこのくらい

イカル［鵤］

スズメ目アトリ科

見つけやすさ ◆◆◇

大きさ：全長23㎝
見られる季節：通年
見られる場所：市街地、住宅地、公園、草地
河原、木の枝、地べた
鳴き声：キーコーキー、キコキコキー、キョッキョッ
聞きなし：「いいこと聞いたー」
「これ食べてもいい？」
「お菊二十四（おきくにじゅうし）」

個性的な見た目で、一度見れば忘れない

ちょっとペンギンも連想させる黄色のクチバシに、太い首と出っ張ったお腹。木に止まっているのが不思議な感じがするそのメタボなシルエットは、中年のオジサンを思わせる。ぬめっとした質感に見えるボディは、密度の濃い毛に包まれているから。存在感がとにかく不思議な、ミステリアスな鳥だ。

「今、エサを食べた！」と分かる強いクチバシ

この目立つ黄色のクチバシはダテではなく、堅い実も割り、パチン！と音がするほど。まるでペンチのごとく、強い力でエノキ、ヤマザクラなどの堅い実や殻などを割る。落葉樹や広葉樹の枝の上の方にとまっていることが多く、別名「まめまわし」の名の通り、クチバシに実などをくわえて、回すような動作も見られる。冬になると街中の公園などにも降りて来て、群れになることも。また通常、野鳥のさえずりは、春に聞かれるオスの求愛特有のフレーズだが、何故かイカルに関してはメスが抱卵中でも、冬でもさえずっており、研究者の間でも謎となっている。またイカルはキョッキョッと飛びながら鳴き、波打つように飛ぶため、飛んでいてもイカルだと認識しやすい。聞きなし（鳴き方の覚え方）も「月・日・星」「いいこと聞いたー」「これ食べてもいい？」「お菊二十四（おきくにじゅうし）」などユニークなものが多い。

冬になると、エサが不足し、市街地の公園や広場などにも群れになり降りて来ることがある。探すなら冬がチャンス

堅い実も難なく割ってしまえる、丈夫なクチバシが特徴。こういったクチバシをしている鳥は実を割るのが得意だ

エサ台に呼ぶこともできる

通常、イカルはエサ台に頻繁に来る鳥ではないが、冬などエサの少ない時期は来ることがある。好物はヒマワリの種など。繁殖期は常につがいで行動する。

間違いやすい野鳥

【シメ】

色はまったく異なるが、全体のフォルムや雰囲気が似ている。シメの方がイカルより小さく、クチバシも黄色くないので見分けるのは簡単。

【下】イカルは数羽～数十羽の群れを作って行動する。その群の中から相手を探し、つがいになる

Chinese bamboo partridge

Bambusicola thoracicus

コジュケイ［小綬鶏］

キジ目キジ科

見つけやすさ ◆◆◇

ずんぐり、むっくり。飛ばない鳥

基本的、ほぼニワトリ。
というのも、人の手によって「食べるため」に持ち込まれ、
そのまま野生化して根付いてしまった、元は外来種。
見ての通りのぽっちゃり体系で、
飛ぶのは本当にピンチの時のみ。ほぼ飛ぶことはない。
だからコジュケイを探すなら、基本は地べた。
逃げるのが遅いため、茂った場所や薮を好む。
落ちている木の実やミミズなどを食べている。

大きさ：全長27㎝
見られる季節：通年
見られる場所：市街地、公園、草地、河原
木の根もと、地べた
鳴き声：ピーッピーッピョー、チョットコイ
聞きなし：「ちょっと来い、ちょっと来い」

姿は見えず。でも声は案外よく聞いている

「こんな鳥、見たことない」という人も多いが、案外、その辺にいたりする。草むらから「ちょっと来い、ちょっと来い」と聞こえたら、どこかにコジュケイが潜んでいるかもしれない。春は出会いの時期のため、この特徴的な鳴き声がよく聞こえる。コジュケイはニワトリ同様、飛ぶのが苦手な鳥。遠くに飛んで逃げることができないことから、なるべく天敵から姿を隠せる薮の中や雑木林など見通しの悪い場所を好む。稀に木の上に上っていることもあるが、その時もかなりバタバタと上り、降りる時はドサッと落ちる。また鳥にしては珍しく、巣作りも地面で行う。土を浅く掘り、枯れ草などをかぶせてカモフラージュする。元々、食用に持ち込まれた鳥だけあって現在、マガモやキジなども含む狩猟鳥29種(平成30年現在・狩猟免許を受けた人のみ可)の中の一つ。愛らしくてなかなか食べたいとは思えないが、非常に美味しいらしい。

コジュケイの雛。親がヒワトリに似ているだけあって、子どももヒヨコにそっくり。柄は子どもにも表れている

特徴的な柄は、ごらんの通り、草むら、薮、枯れ草の中に入れば紛れ込みやすい。迷彩服のようなものだ

オスとメスの違いは？

ほとんど違いが分からないが、1カ所だけ見分けられるのが足。オスにだけ鋭く尖った蹴爪がある。普段は地面の上で主に暮らしているが、獣に襲われるなどピンチの時は木の上に上ることもできる。

コジュケイに似た鳥

【ヤマドリのメス】
【ウズラ】

パッと見た感じが似ている。ヤマドリ（写真上）のメスはシッポが少し長く、ウズラ（写真下）は柄が異なる。

【上】薮の中から「ちょっと来い、ちょっと来い」と呼ぶ声。そのくせ用心深いため、あまり姿を見ることはない。ガサガサという笹を踏む音がしたらそっと覗いてみよう

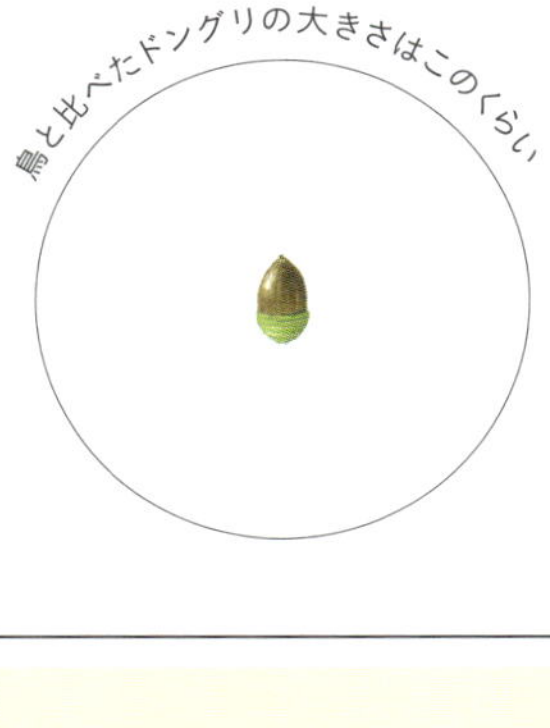

COMMON PHEASANT

Phasianus colchicus

キジ［雉］

キジ目キジ科

見つけやすさ ◆◆◇

桃太郎で有名な、日本の国鳥

キジ、と言えば、
桃太郎の鬼退治におともした鳥だと思い出すだろう。
犬や猿は分かるけど、鬼退治に鳥なんて役に立つのか？
と思った人も少なくないはずだ。
けれど、繁殖期のキジは凶暴そのもの。
クチバシで突き、蹴爪で蹴り、
時には大蛇をしとめることもあるのだ。

大きさ：オス全長81cm　メス全長58cm
見られる季節：通年
見られる場所：公園、明るくひらけた林、草原
警戒して潜伏するも体の一部が見えていることも
鳴き声：ケン、ケーン
（繁殖期は求愛行動で羽音を鳴らす）
聞きなし：なし

メスの気を引くために派手な格好をしている

　キジのオスは孔雀同様、ド派手な姿が特徴だ。名だたる日本画家たちも、こぞってモチーフにしていた。思わず描きたくなる、その見た目。自然界では大抵の生き物が周囲に隠れるようにカモフラージュするものだが、わざと派手な色をして目立とうとする生き物もいる。一つは自分には毒があるというアピールのために、あえて分かりやすい毒々しい色をしているケース。もう一つはメスにモテるため。キジは後者のタイプだ。メスは草むらに紛れやすい地味な配色なのに対し、オスは冠羽をつけ、目の周りを真っ赤に、首は鮮やかな青紫で、羽は複雑にいくつもの模様をまとう。何もそこまで…というような派手さだ。キジは明るい林や草原など開けた場所を好み、飛ぶのが苦手。敵に見つかれば逃げる術もないのに、そのド派手な姿を見せびらかしながら「ケーンケーン」と鳴く。キジは一夫多妻性で一羽のオスに数羽のメスがいる。

キジの巣は草むらにある。地面を掘って、平均10個くらいの卵を生む。卵はヘビやイタチなどにも狙われる

キジのメス。体は大きいが、枯れた草むらなどにいても、案外目立たない。猫でキジトラなんていわれるのはメスの柄

警戒すると身を伏せる?

危険を察知すると、草むらの中にサッと身を伏せる。が、大抵の場合、その派手な頭や尾が隠し切れていない。怒るともう突進して飛びかかる。蹴の刺が非常に鋭い。

間違えやすい野鳥

【ヤマドリのメス】

キジのメスとヤマドリのメスは非常に似ている。ニワトリやコジュケイもそうだが、いずれも飛ぶのが苦手な鳥。だからなのか食料として人間にも食べられる機会も多いのだろう。

【右上】「ケーン！」と高く鳴く声はまるで犬のよう。翼を素早く羽ばたかせて、ブルブルッと音を出す「母衣打ち（ほろうち）」をしてメスにアピールする

MEADOW BUNTING

Emberiza cioides

ホオジロ［頬白］

スズメ目ホオジロ科

見つけやすさ ◆◆◇

スズメに間違われやすい

頬の部分が白いので、ホオジロ。
パッと見た感じは、スズメに似ている。
ホオジロという名前ぐらいは聞いたことがあっても、
言い当てることができる人は案外少ない。
実は一年中見られる身近な鳥。
またユニークな聞きなしが有名で、
子どもに教えてあげると喜ぶだろう。

大きさ：全長17㎝（スズメ大）
見られる季節：通年
見られる場所：市街地、公園、河川敷
木や電柱などのてっぺん、梢、地べた
鳴き声：チョッピチュピチュー、チチッチチッ
聞きなし：「札幌ラーメン味噌ラーメン」
「一筆啓上仕り候」

高い草木のてっぺんで春と秋にさえずる

農地、河原、林など、何処にでも普通にいる野鳥。北海道以外のエリアでは通年見られるが（北海道では夏鳥）、パッと見の印象がスズメに似ているせいか、メジロやシジュウカラなどに比べると、傍にいることに気づきにくい。ホオジロの特徴は頬が白い見た目よりは、鳴き声にある。小さな体で草木や杭などのてっぺんに上り、上を見上げてさえずる。大抵のホオジロ類は「チッ」と短く鳴くのに対して、ホオジロは繰り返し「チチチッ」「チョッピチュピチュー」と長い節で歌うため、何か言っているようにも聞こえる。「札幌ラーメン味噌ラーメン」「一筆啓上仕り候」などが有名だが、子どもと一緒に「何て言っているのかな？」なんて聞きなしごっこをしてみるのも面白い。通常の鳥は春のみさえずるが、ホホジロは春だけでなく、秋にもさえずる。オスメスの違いはほとんどないが、メスの方は頬と喉が真っ白ではなく、少し黄色っぽい。

小鳥は棲み分けとして木の枝の部分にいて目立たないようにしているものだが、１羽で木の高い場所に上り鳴く

ホオジロのメス。オスが全体的に赤茶っぽい印象なのに対して、メスはもう少し色が淡く、黄色っぽい

春から秋まで長くさえずる

ホオジロは地味な外見から、あまり特徴のない鳥のように思われがちだが、春から秋口までさえずりが聞かれる珍しい鳥で、他になかなか見当たらない。野鳥界では「変わったヤツ」だ。

間違えやすい野鳥

【カシラダカ】

大きさも遠目に見た雰囲気もホオジロに非常によく似た鳥だが、違いは頭の部分。漢字で「頭高」と書くように、頭の毛がモヒカンのように立っている。

【左上】ホオジロのメス。眉が白い【左下】ホオジロを正面から見ると…放射状に線がクチバシから広がっている

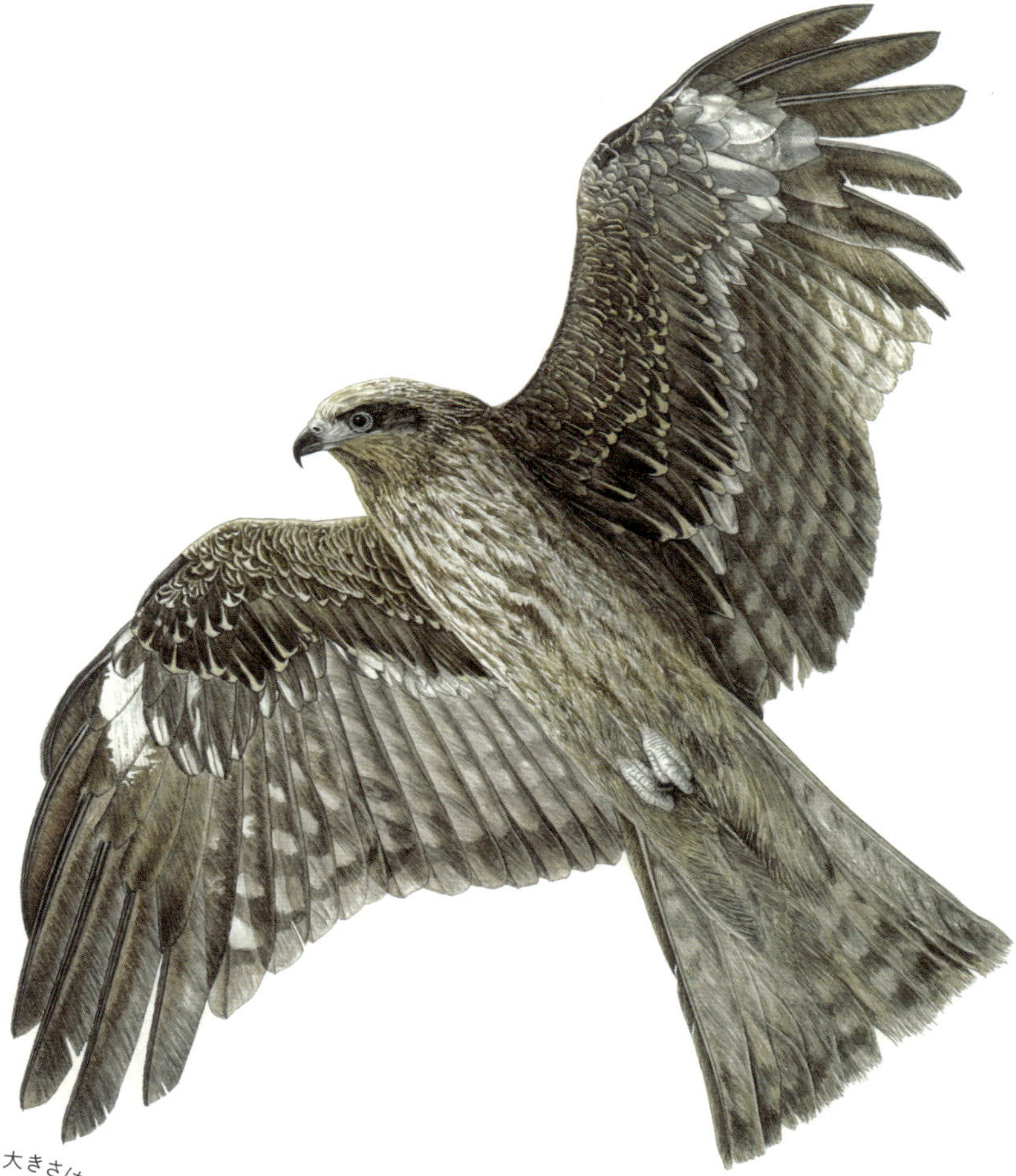

BLACK KITE

Milvus migrans

トビ［鳶］

タカ目タカ科

見つけやすさ ◆◆◆

大きさ：オス全長59㎝　メス全長69㎝
　翼を広げると約160㎝
見られる季節：通年
見られる場所：市街地、農耕地、木や杭のてっぺん
　海岸などの上空を飛翔
　ゴミ捨て場にも
鳴き声：ピョイーヒョロロロロ
聞きなし：なし

身近にいるタカの仲間の猛禽類

天気のいい昼間、空を見上げると、
そこに大きく羽を広げて飛んでいる。
トンビとも呼ばれているこの鳥は、
市街地で頻繁に見られる猛禽類。
パンやおにぎりなども狙って、
時折突然舞い降りて来る。
赤ちゃんや仔犬がいる場合は
トビにさらわれないように気をつけて。

市街地によく現れる街のお掃除屋さん

「トビに油揚げをさらわれる」という諺がある。手に入れたものを、不意に横からさらわれることのたとえだ。まさに、この状況がよく起こる。海水浴場やビルの屋上庭園などに行くと、「トビに注意」なんて看板も見受けられる。トビは鳥類の頂点に立つ猛禽類でありながら、何処にでも現れ、人間が食べているものでも、ゴミでも、動物でも魚でも死肉でも、食べられるものだと思えば、何でも狙いを定めて強靭な爪で掴みにかかる。その力も強く、仔犬くらいなら軽々持ち上げて上空まで運んでしまう。鳥類全般に言えることではあるが、その中でもトビを含めた猛禽類は目が良い。「タカの目」なんて言葉があるくらい、遠くのものでもよく見え、よく見ている。当然のことながら、他の鳥類にとっては命を脅かされる強敵だ。公園でパンくずをついばんでいたハトの集団が突然一斉に飛び立つことがあるが、そんな時は上空にトビがいる。

高い木の枝の上に、小枝を重ねて巣を作る。卵から孵った雛は大体60日ほど親からエサをもらってようやく巣立つ

トビが羽を休めるのは、高い木のてっぺんや、杭の上など。1年を通じて広範囲で見ることができる

飛んでいる姿

トビを見かける時は大抵飛んでいる時。それも昼間が多い。トビは羽ばたかない鳥で、上昇気流を使って輪を描くように飛ぶ。飛びながら「ピーヒョロロ」と鳴くので、すぐに見つけやすい。

間違えやすい野鳥

【ノスリ】

ノスリはトビよりも一回り小さなタカ。飛んでいる姿は似ているが、異なるのは尾の先端の形。ノスリなど他のタカ類は開いた尾が扇形に丸くなっているが、トビは尾がどちらかといえば真ん中がV字に切れ込んでいる。

トビの語源は一説によると「飛び」から、という説もあるほど、見かける時はほとんど飛んでいる時。旋回する時は斜めになる。また建設業の職人さんをトビ職と呼ぶのはトビのクチバシに似た道具を使うことからだという

CHINESE HWAMEI

Garrulax canorus

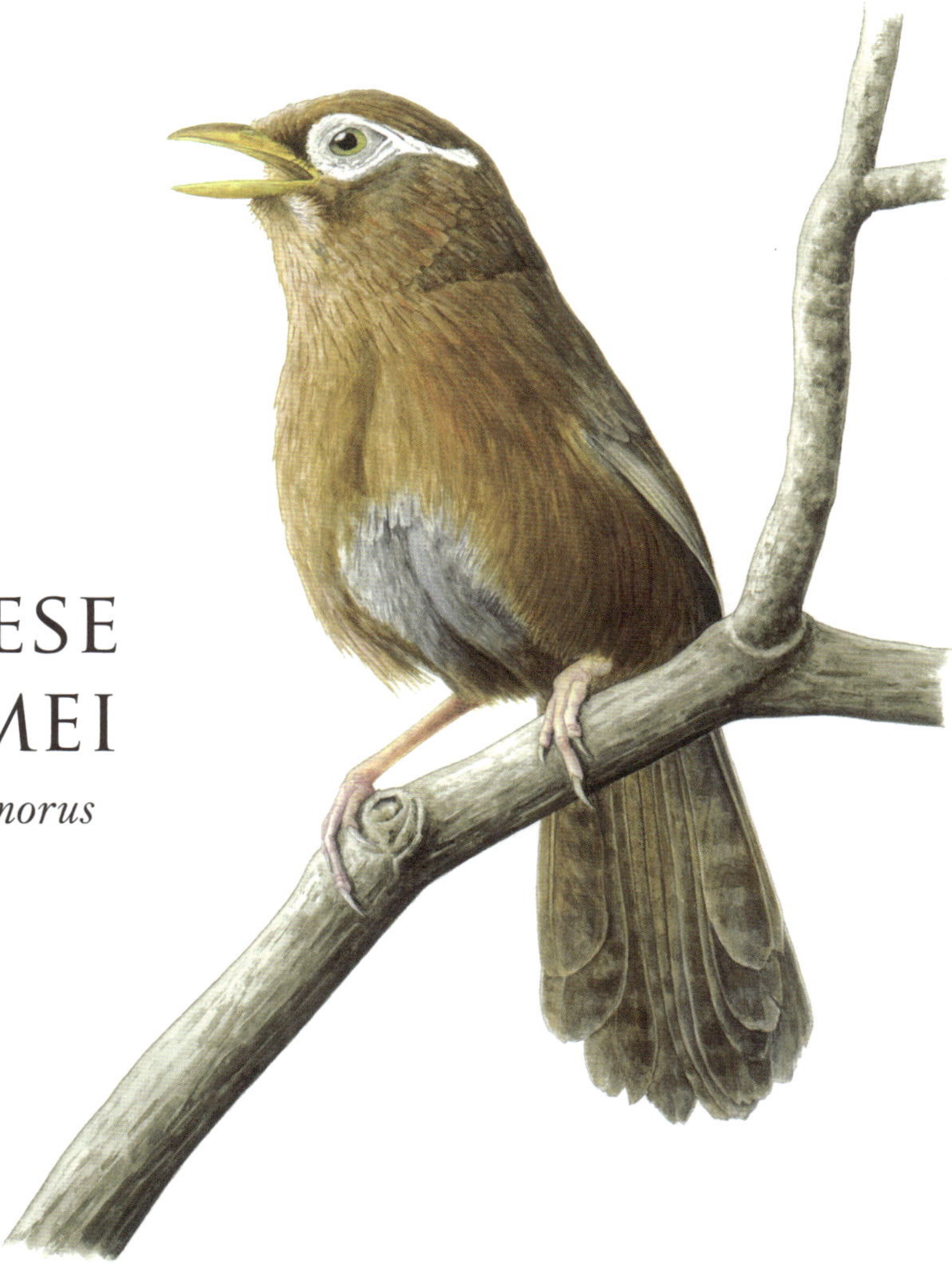

鳥と比べたドングリの大きさはこのくらい

ガビチョウ［画眉鳥］

スズメ目チメドリ科

見つけやすさ　◆◇◇

やかましくさえずる、厄介者

最近、問題視されつつある外来種。中国や東南アジアで暮らしていたが、飼育鳥として輸入され、今では日本各地に勢力を伸ばしている。その特徴は、季節外れに一年中さえずり、また大きな声で、ホイポーホイポーと鳴くこと。ウグイスやクロツグミ、コジュケイ、キビタキなど鳴き声が有名な鳥の鳴き真似も取り入れる。

大きさ：全長25㎝前後
見られる季節：通年
見られる場所：公園、河原、平地、木の枝藪の中、地べた
鳴き声：ホイポーホイポー、ヒィーヒョイヒョーイギロロッ
聞きなし：なし

猛烈な勢いで増えている、鳴き真似上手な外来種

鳥は飛ぶんだから、外来種もなにも…と思うかもしれないが、やはりそれまでいなかった野鳥が突然来ることは、本来そこで暮らしていた野鳥の住処を奪うということ。ガビチョウは１９８０年頃に確認され、生息域を広げている。ヒヨドリ大の大きさのため、スズメ大の小鳥などは太刀打ちできない。また求愛などの季節に関係なく一年中さえずるため、一言で言えば、やかましい。また他の鳥に似た鳴き真似をミックスするのも厄介で、あまりに鳴き方が複雑なため、不気味がって他の鳥が逃げて行くことも。人間だって今まで聞いたことのない声が隣から聞こえれば警戒するだろう。見た目は全体的にボサボサとした印象で、クチバシも先が黒ずみ薄汚れて見える。オスメスの見た目に違いはない。そんなボヤッとした全体に反して、絵の具で描いたかのようなクッキリとした目の周りの白い縁取りが目立つ。雑食性で昆虫や種子を地上で食べる。

街中で暮らすというよりは、林などの樹木がたくさんある場所を好む。季節外れのさえずりがしたらガビチョウかも？

エサを探す時は地上に降りて、落ちている種などを探す。臆病な性格ではないためか、ガサガサ音を立てて探す

もし家の周りに現れたら

ガビチョウは現在南は沖縄、北は東北あたりまで観察されている。もし庭先などに現れたら、エサなどをあげたりしてこれ以上増やさないようにしたい。

ガビチョウに似た鳥

【クロツグミ】

見た目に似た鳥はいない。一度見れば一目で見分けがつく。鳴き声に関しては、クロツグミによく似ているため、声に関してはよく間違えられるが、見た目はまったく異なる。

【左下】遠目では分かりにくいが、真近で見れば、目の周りのアイラインがクッキリ白く、他にいない感じで、ガビチョウだと識別できる

EASTERN SPOT-BILLED DUCK

Anas zonorhyncha

カルガモ

［軽鴨］

カモ目カモ科

見つけやすさ ◆◆◆

大きさ：全長61cm
見られる季節：通年
見られる場所：公園、湖沼、池、水田、川、海岸
またはその水辺を歩く
鳴き声：グワッグワッ、グェーグェッグェ
聞きなし：なし

一年中見ることができるカモ

カモの多くは冬鳥。
そんな中で、一年中見られるのがカルガモ。
子連れ姿の愛らしさもあって、
子どもにも人気のあるカモだ。
また初めてのバードウォッチなら、
迷わずカルガモがおすすめ。
逃げない、飛ばない、すぐそこにいる。
じっくり肉眼でも観察できるだろう。

公園の池やお堀などでよく見かける

鳥の観察には色々とコツがあるため、なかなか見られないという人も。そんな中で、ビギナーがもっとも簡単に見つけられるのが水鳥だ。水鳥は、浮いていたり、魚を狙ってじーっと立っていたりして、冬の水辺にいけば大抵いる。そんな中でも、もっとも簡単なのが、このカルガモ。一年中日本にいて、おまけに水たまり程度の小さな池でも、田んぼでも、学校の校庭にも、水さえあればいたりする。クチバシの先端が黄色く、「グワグワ」と鳴き、水かきのついた足でペタペタとお尻を振りながら歩くあたりもイメージを裏切らない。小さな子どもが「見た！」と言って、それを図鑑で調べて…をもっとも実現しやすい野鳥だろう。しかもカモはハト同様、餌付いていることも。人馴れした個体は、「もっとくれー」と言わんばかりに近寄って来る。その分かりやすく懐く感じもまた、子どもに親しみを抱かせる。

よくカルガモの親が先頭に1羽いて、その後ろを雛がついて行く姿が見られる。卵を温めたり、子育てをするのはメスだけ

クチバシ全体は黒く、先端だけ黄色いのが特徴。頭は黒っぽく、目にも黒いラインが入る

お尻だけ浮いている

カモをよく観察していると、エサをついばもうと、頭を水の中に突っ込み、お尻だけがプカプカと浮いていることがある。カモの羽は水をはじき、大量に空気を含んでいるため、浮力を得ることができる。

間違えやすい野鳥

【マガモのメス】
【オナガガモのメス】

カルガモのオスメスはそれほど際立った違いがない。それは結構、珍しいことで、大抵のカモはオスが特徴的で、メスはみんな似ている。特にマガモのメス（写真上）とオナガガモのメス（写真下）はカルガモに似ている。見極めのポイントは、クチバシの先が黄色いかどうか。

【左下】カルガモといえば、お母さんガモが雛を連れたお散歩シーンが有名。人間と共存しながら、たくましく市街地で子育てする姿に癒される

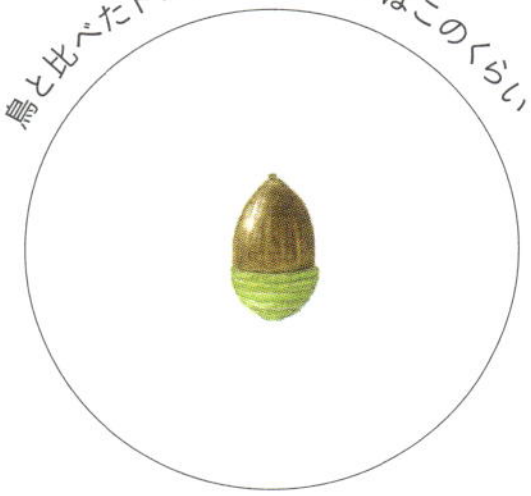

LITTLE GREBE

Tachybaptus ruficollis

カイツブリ［鳰］

カイツブリ目カイツブリ科

見つけやすさ ◆◆◇

カモの雛によく間違えられる潜水名人

カモの赤ちゃんが一羽でいる、
そしてもし潜水なんてしたら、
それは百発百中、カイツブリ。
淡水のカモは体すべてを沈めることは少ないが、
カイツブリは泳ぎと潜水が得意で、
一度潜るとしばらく出てこない。
心配しなくても大丈夫。
水中で魚や水草を食べている。

大きさ：全長26cm
見られる季節：通年
見られる場所：市街地の公園の池、湖沼
雛を背中に乗せていることも
鳴き声：キュルルルル、キュルリリリ
聞きなし：なし

ちょっと見た目は怖いけど、実は愛情いっぱい

カイツブリはよく見てみると、ちょっと目が怖い。でもとても愛情溢れる鳥なのだ。まず繁殖期が始まると、オスがメスにエサをプレゼントする。そしてつがいになると、夫婦で自分たちのテリトリーを守ろうと一緒に防御する。巣は他の生物から狙われにくいよう安全な浮き島を作る。枝や草などを集めて沈まない島ができたら、そこで卵を産む。しかも万が一その場を離れる時でも、ちゃんと巣材で卵を隠すのだから用心深い。雛たちは生まれて間もなく泳げるが、小さい間は甘えん坊。よじ上ってくる雛をそのまま親鳥が背中に乗せて泳いでいる。カイツブリはなんと言っても潜水の名人。多くのカモが体半分しか潜れないのに対して、カイツブリは全身沈むことができ、一度潜ると20〜30秒は潜って、水中で魚や水生昆虫を捕まえたり、水草を食べたりしている。鳴き声は「キュルルル」といったカモとはかけ離れた声。公園の池などで見られる。

カイツブリは夏と冬で色が変わる。夏は首のあたりが栗色になる。冬はボサボサとした淡色（写真は冬）

水から空へ飛び立つ時は、水上を走りながら滑走する。飛び立つと思いのほか、飛ぶのも上手い

浮き島で子育て

葦やガマなど水草などが茂った場所に、浮き島が流されないように巣を作る。水の上に作った巣で、卵を生むのは水鳥でも珍しい。エサを取りに巣を離れる際にわざわざ卵を隠す行為からも、知能の高さが伺える。

間違えやすい野鳥

【ハジロカイツブリ】

ハジロカイツブリはカイツブリの仲間。首のところが白く、よく見れば違いが分かる。また、カイツブリは遠目ではカモの雛にもよく間違えられる。

【右上】大きな魚を見事キャッチ。泳ぎの上手さはペンギン並みだ【右下】こんなふうに雛を背中に乗せたまま泳ぐことも

LITTLE EGRET

Egretta garzetta

コサギ［小鷺］

ペリカン目サギ科

見つけやすさ ◆◆◆

大きさ：全長61㎝
見られる季節：通年
見られる場所：公園の池、湖沼、河川、水田
浅い水辺で餌を探し樹上に巣をつくる
鳴き声：グワァーッ、ギュエー
聞きなし：なし

川辺で見られるシラサギの代表格

川で見られる鳥と言えばシラサギ。
そんなシラサギの中で、もっとも見かけやすいのが
このコサギ。
コサギなんて言いつつも、全長60㎝以上ある。
真っ白な体と、真っ黒なクチバシと脚に対して、
足先だけが黄色い。
なんと、この黄色の足先を揺らして魚を捕まえる。

川の中に立ち、じーっと川底を覗いている

川の中にポツンと立つ白い姿。シラサギという列車もあるほど、シラサギの名は有名だが、コサギと言われてもピンとこない人が多いかもしれない。シラサギは、ダイサギ、チュウサギ、コサギ、カラシラサギ、アマサギなどを総称する呼び方。そんなシラサギ類の中で、身近で気軽に見れるといえば、コサギだ。コサギは日本の本州全域の水田、川、湖畔、干潟など水のある場所に幅広く生息している。主なエサは魚や水生昆虫、貝、カニなど。田んぼなどではザリガニやカエルなども食べる。水の中に足をつけて立ち、気配を消して、じーっと動かない。獲物が近づくと、黄色い足を疑似餌のようにオトリにして、長いクチバシで魚を捕まえる。オスメス同色で、夏には頭の後ろに2本の冠羽が伸びて、胸と背中などにも飾り羽が出るが、冬はあまり見られない。鳴き声は「グワーッ」「グエーッ」という感じで、おせいじにもいい声とは言えない。

鋭く長いクチバシは、水中にいる魚を捕まえやすく、貝をこじ開けるにも便利。カニに挟まれても痛くない

コサギは大きな翼で遠くまで飛ぶことができる。大空を飛ぶ白く大きな物体はなかなかないので、すぐに見つけられる

サギ山を作る

サギ類が集まって多種混ざってコロニーを作ることを「サギ山」という。サギ山が近くにできると、魚臭い上に、猫の喧嘩中のような「グエーグワーッ」という声が響き渡る。

間違えやすい野鳥

【ダイサギ】

遠目には同じように見えるが、実はサイズは30cmくらいダイサギの方が大きい。また足の先が黄色ではなく、真っ黒。クチバシが黄色い。それ以外の部分は似ているため、見間違えることもある。

コサギ LITTLE EGRET

【右上】大きな翼を広げ、飛んでいる姿はツルを思わせる【左上】2本の冠羽は夏に見られる【左下】足をバタバタして飛び上がったトンボをキャッチ！

鳥と比べたドングリの大きさはこのくらい

COMMON KINGFISHER

Alcedo atthis

カワセミ［翡翠］

ブッポウソウ目カワセミ科

見つけやすさ ◆◆◇

大きさ：全長17㎝
見られる季節：通年
見られる場所：市街地の公園、池、河川、湖沼
水辺の樹木や杭から魚を狙う
鳴き声：チッチッ、チーッ、キキキキーッ
聞きなし：なし

水辺の宝石と呼ばれる鳥

輝くようなコバルトブルーの羽。
自然を守る象徴として取り上げられるカワセミ。
水のキレイな川にしかいない、と思われているが、
案外、ごく普通の川にもいる。
その美しい色彩もさることながら、
空中をホバリングしている様子など、
カメラマンがこぞって撮りたがる特別な鳥だ。

勢いよく川へダイビングして魚を獲る

魚を獲る鳥はいろいろいるが、ここまで小さな体で、しかも全身ダイビングして魚をキャッチできる鳥はこのカワセミ類しかいないだろう。主食が魚のため、清流などの小枝や岩などに姿を現す。美しい清流で苔むした岩や緑に包まれた中、木漏れ日の間から現れるコバルトブルーに輝く羽を見た時には、それは感動する。そのイメージが強いせいか、清流とは到底言えない、ごく普通の近所の川に、カワセミが現れても、あまり気づかないようだ。もちろん川底が見えないくらいに濁った川には現れない。何故ならカワセミは待ち受けをして魚を捕まえるからだ。川を覗き込める小枝の上、または岩、または空中でホバリングしながら、川の中で泳ぐ魚を見つけて、狙いを定めてダイビング&キャッチする。技術者が計算を重ねた新幹線の先頭形状が、結果、カワセミのクチバシと酷似したケースもある。それほど空気抵抗が少なく、日本を象徴する鳥なのだ。

カワセミの鳴き声は「キキキキーッ」とブレーキ音のような声。クチバシの下が赤いのがメスだ

クチバシでくわえたら、陸に持ち帰り、ごくんと丸のみ。求愛行動で獲ったばかりのエサをメスにプレゼントするオスもいる

背中だけ色が違う

漢字で「翡翠」と書くように、美しい見た目。背中と翼で色が異なって見える。これは色素の違いではなく、構造の違い。背中の部分がもっとも光沢のある色をしている。足は赤くて短い。これほど美しいカワセミだが、巣は水辺の崖などに横穴を掘って作るというのは意外だ。

間違えやすい野鳥

【ヤマセミ】

色がまったく違うので見間違える、ということはないが、同じようにキレイな川の象徴とされているのがヤマセミ。カワセミよりもより山間にいるため見ることは難しい。カワセミ類の中でもっとも大きく、キジバトよりも大きい。

【右中】カワセミは空中でヘリコプターのようにホバリングして止まっていられる。クチバシは長く鋭い【右下】ダイビングして魚をキャッチした後は素早く飛び上がり、陸に戻る

WILD BIRD  COLUMN

鳥共通の特徴を知る

私たちの身近に色んな鳥たちが暮らしています。
バードウォッチングする前に、まずは「鳥」について少し考えてみましょう。

鳥の特徴とは？

- 空を飛べる
- 二足歩行
- 歯がなく、クチバシがある
- 全身、羽に覆われている
- 骨が軽い
- 巣を作り、卵を生む
- 目がいい
- 耳がいい
- 呼ぶことが可能な動物
- 季節で居場所やエサが異なる
- 祖先は恐竜
- 外国から渡って来る
- カラフルな種類が多い

など、他の生き物にはない特徴をたくさん持っています。
よく考えてみたら、鳥って、相当不思議な生き物だと思いませんか？

クチバシの形はエサに合わせて進化している

鳥のクチバシは、エサによって異なります。

キビタキ
虫や草花の実をついばむ

イカル
堅い木の実を割る

トビ
動く獲物を仕留める

カモ
水中のエサをこし取る

コサギ
川の魚を捕まえる

鳥が飛べることを実感する実験

よく森や公園を歩いていたら、鳥の羽を拾うことがあります。小さな鳥の羽ではできませんが、カラスくらいの大きさの鳥の羽があれば、ぜひ、やってみてほしいことがあります。「羽で風を切る」ことです。手の先に羽を持って目を閉じたら、力を抜いてゆっくりスーッと風を切ってみて下さい。するとわずかに浮力が加わるのを手で感じられることがあります。些細なことですが、「こうやって飛ぶんだ！」と鳥の気分をほんの少し味わえます。

バードコール

バードコールは魅力的なアイテム。ステンレスのものから、木の手作りのものまでさまざまで、持っているだけでも夢が膨らみます。でもバードコールも使い方を誤ると、逆の効果になるので注意が必要。鳥の中にはなわばり意識の強いものもいます。そこでしつこく鳴らしたり、同時に鳴らしたりすると、せっかくそこにいた野鳥が驚いて逃げてしまうケースも。また繁殖期となる３〜６月も鳥の繁殖に悪影響を与える可能性があるので使わないことをおすすめします。使いたい時はまず軽く１、２回鳴らして、静かにそこで様子をみましょう。

バードウォッチングの基本

バードウォッチングは案外大人の世界です。自然学習の中でも、虫や草花に比べると見つけるのが子どもには難しく、小さな子になかなか興味を持ってもらいにくい部分があります。その理由は双眼鏡。大人は双眼鏡を難なく使いこなせますが、実は結構、子どもには難しいことです。双眼鏡を使いこなせるようになるのは小学校に入ってから。最初におすすめなのは、４倍など倍率が低めのもの。大人は７〜８倍程度のものが良いでしょう。倍率が大きいと鳥は大きく見える反面、重くて子どもだと手ぶれしやすく、また視界の中からすぐに鳥を見失って再び探しにくいのです。親子でバードウォッチングする場合は、軽くて倍率の低いもの、首からぶら下げて公園でも気軽に持って行こう、と思えるものが良いでしょう。

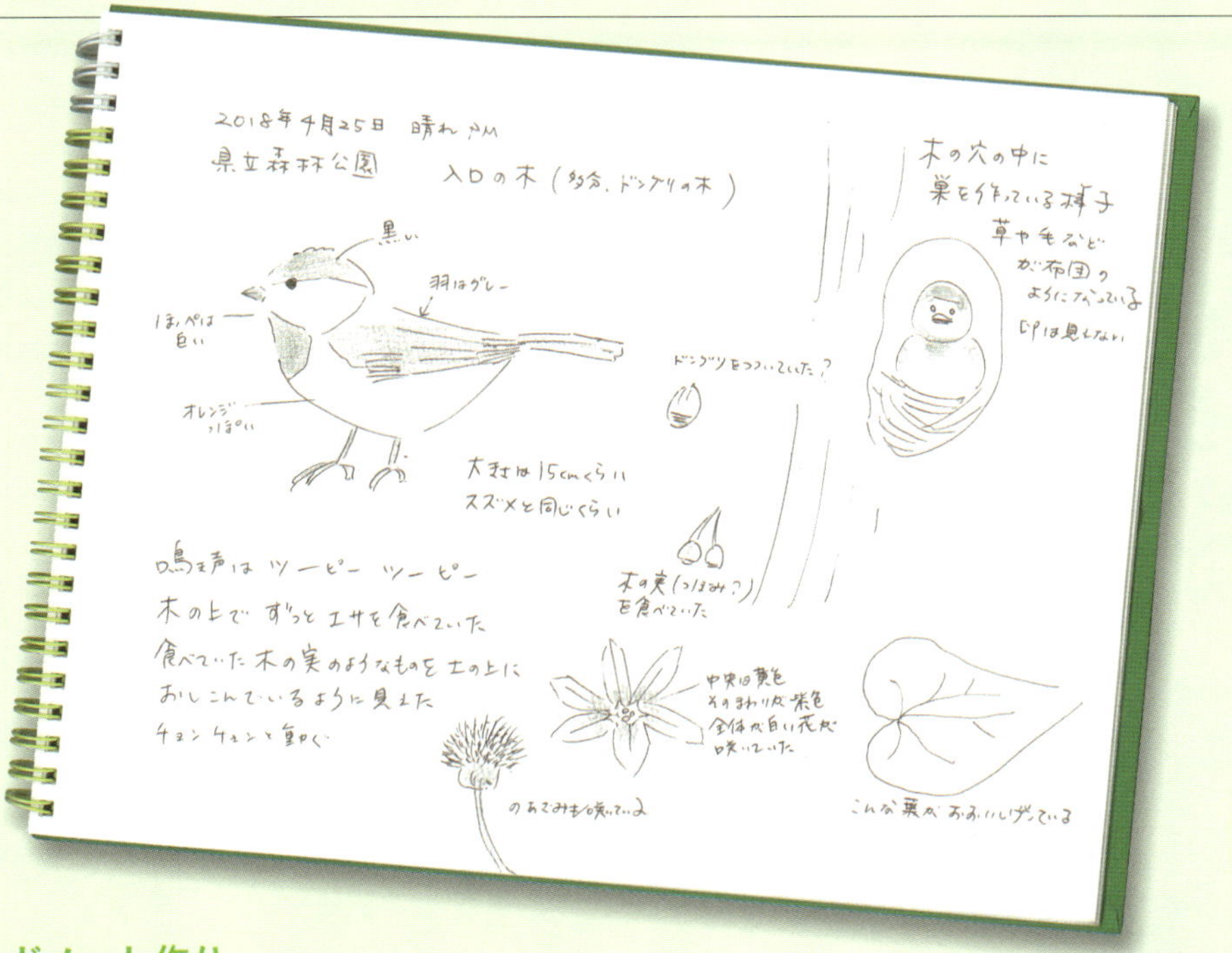

フィールドノート作り

野鳥と親しむ際、見たものをスケッチしたり、メモしたりする「フィールドノート」を作ってみると楽しさが増します。例えば日付や天気、出かけた場所とともに、観察できた鳥のこと、聞こえてきた鳴き声、羽の落とし物など、思いつくまま残しましょう。あわせて見かけた草花を一緒スケッチしたり、押し花にしてみると、ページをめくるのも楽しくなります。自然の中で心を静めて、スケッチするだけで楽しいものです。

子どもにとって、それは思い出の詰まった絵日記であり、自分だけの図鑑。そうやって「ただ見かけた」「見た」から一歩観察を深めてみると、目の前に鳥の姿が見えなくても「あの木にいそうだな」「現れそうな気がする」など、より感性が鋭くなります。また家に帰ってからも「あの後で雨が降ったけれど、どこで雨宿りしているのかな」などと、まるで近所でよく出会う猫のように、身近なものとして想いをはせるようになるでしょう。初めてで野鳥と上手く出会えない…なんて場合には近くの日本野鳥の会の探鳥会などに参加してみるといいかもしれません。または自然公園にネイチャーガイドがいる場合、野鳥について尋ねれば、よく現れる場所や特徴などを詳しく教えてくれます。

Q&A

**野鳥のことをもっと知りたい！
そんな人によくある
Q&Aをまとめてみました。**

Q 野鳥を飼ってもいいの？

A 鳥獣の捕獲は原則禁止とされています。もし雛が巣から落ちていても、持ち帰らないようにしましょう。捕獲が認められるのは、「有資格者の狩猟による捕獲」「許可による捕獲」と定められています。

Q 庭にエサ台を作る時の注意点は？

A 基本的に野鳥にエサを与えて良いかという問題もありますが、少なくとも一年中エサ台にエサを置くのは好ましいことではありません。春～夏は衛生的にも外に食べ物を置いておくのは良くなく、ゴキブリや猫など別の生き物を呼んでしまうことも…。それに春から秋までは花や虫、木の実などが豊富です。もしエサ台を置きたい場合は冬のみにしましょう。

Q 落ちている羽から何の鳥か分かる？

A すべてを調べるのは難しいですが、羽を調べる図鑑なども出ています。親子におすすめなのは「この羽 だれの羽？」（作・絵おおたぐろまり／偕成社）。身近な野鳥の羽が出ていて、まずはこの本を読んでみると良いと思います。

Q 鳴き声から鳥の名前を調べる方法はある？

A NPO 法人バードリサーチ（http://www.bird-research.jp）の「さえずりナビ」では今そこで鳴いている鳥が何という鳥かを、スマホなどで検索できます。場所、季節、声のタイプなどから、可能性のある種のリストを示してくれ、実際にその声を聞くことができるので便利です。

Q 野鳥を探す会に参加したい場合は？

A 公益財団法人日本野鳥の会（https://www.wbsj.org）に探鳥会などのイベントなどが載っています。他にも野鳥に関するあれこれが調べられて、申し込めば無料冊子をもらえることもあって便利です。身近に日本野鳥の会の支部やサンクチュアリ（野生鳥獣の生息地を守り、地域の自然を体験できる場所）があったら、足を運んでみては。

WILD BIRD COLUMN

日本で絶滅危機にある鳥

日本で見られる鳥類は大体600種類程度と言われています。その数はそもそも草花や虫などに比べると少ないのですが、残念なことに、自然環境の変化によって絶滅の危機にさらされている鳥たちがいます。

ハヤブサ

猛スピードで飛べる猛禽類。卵を断崖の窪みに産むため開発や採掘により生息数が減少。環境汚染で殻が薄くなっているという報告も。

イヌワシ

森林の生態系ピラミッドの頂点に立ち、キツネやシカを補食することも。「風の精」とも呼ばれる。現在全国で約500羽しかいないという説も。

アホウドリ

飛ぶのに助走が必要で簡単に捕まえられるため「アホウドリ」と名付けられた。本来は30年ほど生きるが、羽毛目的で乱獲され激減した。

サンショウクイ

ヒリヒリン、ヒリヒリンと鳴く。エサはサンショウの実ではなく虫。「ヒリヒリ」鳴くから辛いサンショウを食べたと名付けられた。

コウノトリ

赤ちゃんを運んで来ると言われているコウノトリ。遠くから見るとツルとも似ている。生息地の開発や水質汚染などにより減少した。

鳥は自然生態系ピラミッドの中で上に位置する存在。植物があって、そこに小さな微生物や虫などが住み着き、それを鳥が食べる。空へ飛んで逃げた鳥を捕まえるのは、大型の鳥くらいなものです。まるで無敵に思える鳥の多くが、どうして絶滅の危機に立たされているのか。その原因の多くは、人間による環境破壊なのです。

例えば緑豊かな森林を無秩序に切り開いてしまえば、そこに生息していた植物は大きく減少します。また河川をコンクリートで埋め立てたりすれば、多くの草花が消滅します。そんな自然環境の変化に伴い、エサとなる実や種、虫やミミズなどが減り、巣づくりできる場所も減っています。また、生態系のトップに位置する鳥類は、食物連鎖の過程において環境汚染物質が蓄積されやすいとも考えられています。このように、鳥類は自然生態系の中において環境の変化の影響を受けやすく、絶滅に向かう危機にさらされやすい仲間なのです。

ここで紹介した日本で絶滅の危機にある鳥は、ほんの一部。これらの野鳥の存在を通じて、ほんの少しでも、大人や子どもたちが自然環境の変化に興味を持ってもらえればと思います。

シマフクロウ

翼を広げると2m近くにもなるフクロウ。森林伐採や河川環境の悪化などで本来の生息地を失い、絶滅に追いやられている。

トキ

学名はNipponia nippon（ニッポニア・ニッポン）。昔は日本に数多く生息していたが現在ではその姿はほとんど見られない。

ウミスズメ

名の通り海にいる。魚を追いかける時には水深40mまで潜水する。定置網などに引っ掛かり、脱出できずに死ぬケースが多い。

ヨタカ

宮沢賢治の「よだかの星」では他の鳥たちから地味で醜い鳥だと言われている。森林伐採や農薬汚染などで個体が激減している。

[監　修] 山崎宏
[　絵　] 加古川利彦
[音源提供] NPO法人バードリサーチ
[取材協力] ホールアース自然学校

[編　集] 山下有子
[デザイン] 山本弥生

参考文献
「ぱっと見わけ観察を楽しむ野鳥図鑑」(ナツメ社)
「北海道野鳥図鑑」(亜璃西社)
「庭で楽しむ野鳥の本」(山と渓谷社)
「野鳥観察ハンディ図鑑 新・山野の鳥」(日本野鳥の会)

子どもと一緒に覚えたい 野鳥の名前

2018年 4月21日 第1刷発行
2024年 8月 1日 第5刷発行

発 行 人 山下有子

発　　行 有限会社マイルスタッフ
〒420-0865 静岡県静岡市葵区東草深町22-5 2F
TEL:054-248-4202

発　　売 株式会社インプレス
〒101-0051 東京都千代田区神田神保町一丁目105番地

印刷・製本 株式会社シナノパブリッシングプレス

乱丁本・落丁本などの問い合わせ先
TEL:03-6837-5016 FAX:03-6837-5023
service@impress.co.jp
(受付時間/10:00〜12:00、13:00〜17:30 土日、祝日を除く)
※古書店で購入されたものについてはお取り替えできません。

書店/販売店の注文受付
インプレス 受注センター
TEL:048-449-8040 FAX:048-449-8041

 ISBN978-4-295-40174-2 C0045